韓國科學財團 선정
과학기술신서 8

그·림·으·로·보·는

분자세계와 대칭성

REFLECTIONS ON SYMMETRY

에드가 하일브로너·잭 더니츠 지음
이 덕 환 옮김

韓國經濟新聞社

「과학기술신서」 발간에 부쳐

국가의 힘은 그 나라 과학기술의 발전수준을 통해 가늠해 볼수 있다고 해도 과언이 아니다.

오늘날 소위 강대국들은 독자적인 과학기술을 바탕으로 산업, 무역, 외교, 안보 등 모든 분야에서 우위를 과시하고 있다. 앞으로 다가올 미래는 과학기술의 역할이 더욱 더 중요해지는 시대가 될 것이며, 특히 첨단기술의 보유 정도가 그 나라의 운명을 좌우하는 관건이 될 것이다.

흔히들 과학기술의 발전을 이룩하는 방법에는 두 가지가 있다고 한다. 첫째는 자체의 연구개발을 통해서이고, 둘째는 선진국으로부터의 기술이전에 의한 것이다. 자체 연구개발을 통해 기술혁신을 이룩하는 것이 가장 바람직하지만 자체 능력이 부족한 경우에는 선진국으로부터의 기술이전 또한 중요한 과제가 아닐 수 없다.

사실 현대와 같은 전문화되고 복잡다기한 산업구조에서는 어느 한 나라가 모든 기술을 자체 개발한다는 것은 불가능한 일이며 어쩌면 부질없고 적절하지 못한 시도일지도 모른다. 최근 들어 점점 더해가는 선진국의 기술이전 기피현상과 국가간의 극심한 기술마찰 사례를 감안할 때 우리는 선진과학기술의 도입을 위해서는 하루라도 빨리 보다 능동적이고 효과적인 방법으로 대처하지 않으면 안 된다고 생각된다.

한국과학재단은 이러한 시대적 필요에 부응하여 국내외에서 일하고 있는 우리 과학자들의 협조를 얻어 선진국이 오랜 기간 각고의 노력으로 이룩한 최신 과학기술에 관한 문헌을 발굴, 번역하여 국내의 대학, 연구소, 산업계 등에 신속히 보급하는 사업을 한국경제신문사와 공동으로 시작하게 되었다. 「과학기술신서」라고 이름지어진 이 사업을 통하여 과학기술 업무에 종사하거나 과학기술에 관심을 갖고 있는 분들이 첨단과학기술을 손쉽고 빠르게 접할 수 있을 뿐 아니라 또한 쉽게 이해하는 데 도움이 되도록 하고자 한다.

이는 외국의 선진과학기술에 관한 정보자료가 원문상태에서 특정한 소수 과학기술자들의 개인적인 자산이 되는 것만으로 만족할 일이 아니라 관련분야의 저변에까지 신속용이하게 퍼져서 가능한 한 널리 활용되어야 하기 때문이다.

아무쪼록 이 사업이 우리나라가 선진과학기술권에 다가서는 데 하나의 씨앗이 되고 조그마한 밑거름이 되기를 바란다.

끝으로 이 사업을 함께 하는 한국경제신문사의 관계자 여러분과 국내외 곳곳에서 교육과 연구에 바쁜 가운데에도 협력을 아끼지 않은 여러 과학기술계 인사들께 깊은 감사를 드린다.

1996년 8월

한국과학재단 사무총장

역자 서문

대칭(對稱, symmetry)이란 우리가 일상생활에서 언제나 무의식적으로 인식하고 활용하고 있는 기본적인 개념이다. 우리의 눈에 보이는 어떠한 대상이든지 좌우의 균형이 깨어져 있으면 무엇인가 잘못된 것으로 느낀다. 자연적으로 만들어진 것은 물론이고, 인간이 만든 것은 어느 정도의 대칭성이 있어야만 안정된 것으로 느끼고 아름답다고까지 생각하게 된다. 예술의 모든 분야에서도 대칭의 개념은 오래 전부터 적극적으로 활용되어왔다. 공과 같이 완벽한 대칭성을 추구하기도 하고, 과감한 대칭성의 파괴로부터 아름다움을 추구하기도 한다.

하일브로너와 더니츠의 《그림으로 보는 분자세계와 대칭성》(*Reflections on Symmetry in Chemistry... and Elsewhere*)은 대칭의 개념이 무엇이고 화학에서는 어떻게 활용되고 있는가를 많은 그림과 알기 쉬운 글로 설명하고 있다. 화학에 대한 기본적인 지식이 있는 독자들은 이 책을 통해 대칭이라는 개념이 얼마나 유용한 것인가를 포괄적으로 이해할 수 있을 것이다. 화학에 대해 잘 모르는 독자들은 다분히 감성적이고 정성적(定性的)이라고 생각되는 대칭의 개념이 어떻게 체계적으로 표현

될 수 있으며, 현대 핵심과학으로서 화학의 대상이 되는 분자(分子, molecule)의 세계를 이해하는 데 얼마나 중요한 역할을 하고 있는가를 알게 될 것이다.

화학은 우리의 몸을 비롯한 이 세상의 모든 물질을 이루고 있는 분자의 세계를 이해하려고 노력하는 기초과학의 한 분야다. 원자들로 구성된 분자는 귀중한 유전정보를 후손에게 전달해주고 우리의 생명을 이어가게 해주는 등 인간 존재의 핵심이 되는 것이다. 미시적인 분자세계는 우리의 눈으로 직접 볼 수는 없고, 오로지 인간의 재능과 상상력으로만 이해할 수 있다. 우리의 마음으로 상상할 수밖에 없는 분자세계의 대칭성과 아름다움에 대한 이해는 단순히 우리의 정신세계를 살찌우는 예술의 단계에서 그치는 것이 아니라, 우리가 더불어 살아가야 하는 자연을 제대로 이해하고 조화롭게 살아갈 수 있는 길을 열어준다는 점에서 더욱 중요하다. 분자세계의 아름다움을 이해함으로써 우리의 정신세계뿐만 아니라 물질세계를 더욱 윤택하게 할 수 있다. 이 책을 통해 과학과 기술, 특히 화학에 대한 우리 사회의 인식이 조금이나마 개선될 수 있기를 바란다.

원고를 정성들여 읽어준 임승희 양과 김선영 양에게 감사드리고, 이 책이 나올 수 있도록 지원해준 한국과학재단과 한국경제신문에 감사드린다.

1996년 8월

노고산 언덕에서

이 덕 환

머 리 말

1980년 저자는 루체른에 있는 에르니 박물관(Erni Museum)의 판타 라이(Panta Rhei) 연례 강연 시리즈의 첫 강연을 맡게 되었다. 한스-에르니-스티프퉁(Hans-Erni-Stiftung)사의 후원으로 열렸던 이 강연 시리즈는 비전문가들에게 예술과 과학의 접경분야를 소개하기 위한 것이었다. 1981년에는 이 강연의 내용을 정리하고 보완해서 《화학에서의 대칭성에 대하여(*Über die Symmetrie in der Chemie*)》라는 제목으로 한스-에르니-스티프퉁사에서 한정판으로 발간했다. 그 후 같은 내용으로 괴팅겐 과학원에서 강연했던 내용을 요약해서 1986년에 《과학원 연보(*Jahrbuch der Akademie*)》에 발표하기도 했다.

이 책은 《화학에서의 대칭성에 대하여》의 내용을 보완해 영어로 옮긴 것이다. 그 동안 블라디미르 프렐로그(Vladimir Prelog), 사손 샤이크(Sason Shaik), 잭 더니츠(Jack D. Dunitz)를 비롯한 많은 독자들이 이미 절판되어버린 이 책의 재발간을 요구해왔었다. 마침내 더니츠가 영어로 옮기는 작업을 맡게 되면서 일부를 보완하기도 하고 새로운 주제를 더하기도 했다. 볼칸 키사퀴레크(Volkan Kisakürek)는 작업에 계속 흥미를 가지고 격려를 아끼지 않았을뿐더러 편집과 출판을 맡아주었다. 그의 후원이 없었더라면 이 책은 출판되지 못했을 것이다. 그 래픽 작업을 친절히 도와주었던 루트 팔츠베르거(Ruth Pfalzberger)에게도 감사한다.

에드가 하일브로너
잭 더니츠

차   례

화음이나 질서나 비례가 있는 곳에는

음악이 있기에

우리는 지금껏

우주의 음악을 이어왔다.

아무 소리가 들리지 않더라도

규칙적인 움직임이나

정확한 박자를

이해하기만 해도

가득한 화음을

느낄 수 있다.

— 토마스 브라운 경(Sir Thomas Browne, 1605~1682

《렐리지오 메디치(*Religio Medici*)》) —

1. 대칭성과 과학

뮤즈(Muse)의 아홉 여신*은 원래 추억의 여신(女神)이었
다. 이들 중 막내인 우라니아(Urania) 여신이 고대의 유일한
자연과학이었던 천문학을 맡고 있었던 것을 보면, 뮤즈의 여신
들이 창조적 예술과 과학을 좋아하고 장려했음을 알 수 있다.
그러나 과학이 예술의 여신들에 의해 시작되었다는 이야기가
어쩐지 어울리지 않는다고 생각하는 사람들이 많을 것이다. 과
학자들도 창조적이어야 한다는 점을 아주 부정하지는 않더라
도, 과학자들의 창조성은 시인이나 화가의 창조성과는 근본적
으로 다르다고 생각하는 것이 더 일반적이다. 그러나 실제로
그 차이가 그렇게 대단한 것은 아니다. 예술가와 과학자는 모
두 인간의 경험에 담긴 신비로움에 매혹되고, 여기에 심오한
의미를 부여하려고 노력한다는 점에서는 조금도 다르지 않다.
한편 대부분의 사람들은, 과학적인 사고(思考)는 모두 연역적
이고, 과학자들은 모든 일에 너무 신중하기 때문에 창조적일
수 없다고 생각하기도 한다. 그렇지만 과학에서도 창조적인 상

---

* 역자주 : 그리스의 신(神) 제우스와 네모시네의 아홉 딸(칼리오페, 클리오, 에라토, 유
  테르페, 멜포메네, 폴리힘니아, 테르프시코레, 탈리아, 우라니아)로 예술을 담당.

상력이 필요하고, 독창적인 아이디어를 얻기 위해서는 미친 듯한 열정이 요구되기도 한다. 현대 사회의 불가피한 특징이기도 한 과학에 대해 좋은 인상을 가진 사람도 있고 그렇지 않은 사람도 있을 것이다. 그러나 과학이 인류의 미래에 상상도 할 수 없는 영향을 미칠 수 있다는 점에서 우리 모두는 과학을 진지하게 인식해야만 한다. 과학자들 중에도 과학에 맹목적으로 미쳐버린 경우도 있고 어쩔 수 없이 선택한 직업으로 가볍게 생각하는 경우도 있겠지만, 자신의 일을 종교와 같이 천직(天職)으로 받아들이고 열심히 노력해야만 한다.

그렇지만 과학에는 아이들의 장난과 비슷한 일종의 희극적 요소도 있다. 그런 요소가 중요한 경우도 있고 하찮은 경우도 있지만 대부분의 경우에는 양면성을 모두 가지고 있다. 뮤즈의 여신들이 과학을 좋아했던 것은 바로 그런 희극적인 요소 때문이었는지도 모르겠다.

이 책에서는 대칭성(對稱性, symmetry)에 대한 「희극적」 접근이 정밀과학의 한 분야인 화학의 발전에 어떤 영향을 주었는가를 살펴보고, 현대 화학에서 분자구조와 반응을 이해하기 위해 대칭성이 어떻게 이용되고 있는가를 예를 들어서 살펴보기로 한다.

희극적 성격이 강한 대칭성을 심각하고 정교한 정밀과학과 연결시키는 일은 결코 쉬운 작업이 아니다. 복잡한 수식은 학창시절의 지루한 수업시간을 연상시키기 때문에 대부분의 사람들이 싫증을 낸다. 그렇다고 이해하기 힘든 전문용어를 전혀 사용하지 않으면 수박 겉핥기 식의 피상적인 설명으로 흐르기 쉽다. 그렇기 때문에 전문용어의 바다와 피상적인 설명의 절벽 사이를 교묘하게 헤쳐나가는 것은 매우 힘든 일이다. 까다로운 전문가를 만족시키는 동시에 비전문가들도 쉽게 이해할 수 있도록 설명하는 것은 불가능에 가깝다. 인상파 화가 클로드 모네(Claude Monet)가 남긴 「루앙 성당(Rouen Cathedral)」의 그림처럼 자세한 부분은 모두 무시해야만 할 경우도 있다. 모네는 성당 전체의 인상이나 빛과 그림자의 조화를 강조하기 위해 어떤 부분은 너무 진하게 그리기도 했고, 지금은 하찮게 보이더라도 중세의 건축가에게는 무시할 수 없었던 세부적인 구조를 완전히 생략하거나 심지어 조작하기도 했다.

2. 대칭성과 아름다움

 우리 주변의 세상은 너무나 비대칭적이기 때문에 확실하게
대칭적인 대상을 의식하는 것 자체가 잊을 수 없는 경험이 된
다. 그래서 고요한 호수의 수면에서 빛이 반사되어 나타나는 대
칭화 현상을 보면 감격하여 즐거워한다. 그러나 이런 대칭화 현

페르디난드 호들러의 「서너시 호수」[1]

자연에서 볼 수 있는 대칭의 예

상을 그림으로 옮길 때에는 매우 조심하지 않으면 인위적인 느낌이 너무 강해지고 저속하게 보이기까지 한다. 물론 서너 시 호수에 비친 산의 모습을 그린 페르디난드 호들러(Ferdinand Hodler)의 작품이 그렇다고 할 수는 없다.

태양을 돌고 있는 행성의 궤도는 정교한 타원형이지만, 밤하늘에 반짝이는 수많은 별에서는 대칭성을 전혀 찾아볼 수 없다. 사람들은 아무런 대칭성도 없이 반짝이는 별을 기억하기 위해 여러 개의 별들을 함께 모아서 적당한 「별자리」 이름을 붙여왔다. 비대칭적인 세상에 익숙한 사람들에게 꽃과 잎, 동물과 같은 생명체뿐 아니라 결정(結晶, crystal)과 같은 무생물체에서 나타나는 독특한 대칭성은 더욱 큰 감명을 주었을 것이다.

이런 대칭성이 단순한 「아름다움」으로 느껴졌을 수도 있겠지만, 어떤 경우에는 대칭적인 모습이 심오한 질서를 표현하는 것이라고도 여겼었다. 따라서 인류의 문화가 발달함에 따라서 대칭성이 매우 낮거나 전혀 없는 대상의 대칭성과 아름다움을 인위적인 방법을 이용해서라도 더욱 증진시키려고 노력해온 것은 전혀 놀랄 일이 아니다. 결정의 면을 규칙적인 모습으로 연마함으로써 보석의 아름다움과 가치를 높이는 것이 바로 그

보석

런 대칭성 증진의 대표적인 예다.

대칭화(對稱化) 또는 대칭 증진은 오래 전부터 사용되어 왔던 「아름다움」을 창조하는 기법이었다. 아무렇게나 생긴 비대칭의 기본 모양을 거울에 반사시키는 반사(反射, reflection) 기법을 이용해서 한쪽 방향으로 일정한 간격마다 반복되도록 만들면 띠 모양의 무늬가 생긴다. 이런 띠 무늬는 세계 어느 지역에서나 찾아볼 수 있는데, 이는 원시인의 목각 조각과 오래 된 사원의 장식 띠에

사원의 장식 띠나 비단 리본에서 볼 수 있는 띠 무늬

도 사용되었고, 바젤 지역에서 전통적인 방법으로 만들어지고 있는 비단 리본에도 이용되고 있다.

이런 대칭화 기법은 평면으로 확장할 수도 있다. 어떤 축을 중심으로 회전(回轉, rotation)과 반사를 합쳐 기본 모양이 두 방향으로 일정한 간격마다 반복되도록 거듭해서 만든 평면 무늬는 타일, 카펫, 커튼, 쪽마루, 크리스마스 선물 포장용지를 비롯해서 우리 주

콜로먼 모저(위)와 모리츠 에셔의 대칭적이고 주기적인 무늬[2]

알람브라 궁전의 벽 장식

변에서 매우 흔하게 찾아볼 수 있는 익숙한 무늬다. 네덜란드의 화가 모리츠 에셔(Maurits C. Escher)는 평면에서 주기적으로 반복되는 대칭적인 무늬에 깊은 관심을 가지고 이를 이용해 독창적이고 놀랄 만한 작품을 많이 남겼다. 에셔만큼 많이 알려지지는 않았지만 콜로먼 모저(Koloman Moser)도 평면 무늬를 이용한 작품을 많이 남겼다.

에스파냐 그라나다의 알람브라 궁전(Alhambra palace)은 대칭적 장식 무늬 분야에서 세계적인 불가사의로 알려져 있는데, 에셔는 이 궁전에서 보았던 독특한 무늬 형식에서 영감을 얻었다고 한다. 이슬람 교리에 따라 시각적인 형상화를 금지당했던 에스파냐의 무어(Moor) 시대 예술가들은 추상적인 색채 무늬에 의존할 수밖에 없었다. 그러나 이런 구속으로부터 완전히 자유로웠던 에셔는 특유의 신비로운 표현 예술 기법, 즉 물고기 · 말 · 도마뱀 · 사람의 얼굴과 같은 다양한 모양을 이용해 평면형의 반복 무늬 제조방법을 개발할 수 있었다. 에셔 자신의 말에 따르면 그런 모양을 의도적으로 사용하려고 했던 것이 아니라, 주어진 평면을 주기적으로 반복되는 방법으로 채우려고 노력하는 과정에서 자

한 쌍의 대칭적 천사 조각

연스럽게 그런 모양이 나타나게 된 것이라고 한다.

　인간은 대칭성에 천부적인 감각을 가지고 있는 것 같다. 특별히 고상한 대칭 감각이라고 할 수는 없지만, 사람들은 흔히 어떤 그림에서나 대칭적 보완물이 있는 것을 좋아한다. 왼쪽에 작은 천사가 그려져 있으면 오른쪽에도 마치 거울에 비친 것과 같은 작은 천사가 있으리라는 것을 기대하게 된다. 이런 대칭적 아름다움은

$$아름다움 = 상수 \times 대칭성$$

과 같은 식으로 나타낼 수 있다. 만화경(萬華鏡)을 한 번이라도 본 적이 있다면, 대칭성이 높아질수록 아름다움이 증진된다는 위 식에 이의를 제기하지는 않을 것이다.

　사물의 겉모습뿐만 아니라 우주에 존재하는 모든 힘도 대칭성에 대한 욕구를 만족시켜야 한다고 생각하게 된 것도 그렇게 놀라운 일은 아니다. 물론 감각적으로 직접 느낄 수 있는 거시적인 세상에서 몇 차례의 간단한 관찰만으로 심오한 자연의 기본원리를 직감적으로

라파엘의 마돈나[3]

알아낼 수는 없다. 그러나 라파엘(Raphael)의 「마돈나 (Madonna)」에서 느낄 수 있는 완벽한 균형은, 화가가 이 그림 의 바탕에 숨겨진 오각형 대칭성을 확실히 의식하고 있었기 때 문이라는 주장과 마찬가지로, 사람들은 대칭성을 띠는 자연법 칙이 있기 때문에 자연에서 관찰되는 균형이 나타날 수 있다고 믿게 되었다.

즉 신도 인간과 마찬가지로 대칭적인 것을 좋아하리라고 생 각하게 된 것이다. 물론 그런 사실이 항상 겉으로 표현되지 않 을 수도 있고, 경우에 따라서는 더 중요한 원칙 때문에 대칭성 을 포기하는 수도 있다.

3. 미시세계의 아름다움

비는 공기와 같은
미르볼과 비브롬의
프리모스한 분해지만,
그 이유는 아직도 스틱시어트되지 않았다.
-카를 발렌틴(Karl Valentin)* -

피타고라스 학파의 한 사람이었던 밀레투스의 레우키푸스
(Leucippus, 기원전 475년경)는 물질 세계가 매우 작은 입자로
구성되어 있을 것이라고 처음으로 주장했다. 이런 생각은 아브
데라의 데모크리투스(Democritus, 기원전 460~370년경)로 이
어져서 「더 이상 쪼갤 수 없다」는 뜻의 「원자(atom)」의 개념으
로 발전했다. 데모크리투스는 『원자는 항상 움직이고 있으며
손으로 만져서 알아낼 수는 없지만 그 모양이 물질의 성질을
결정한다』라고 주장했다. 예를 들어, 기체와 액체일 경우 원자
들이 공과 같이 둥근 모양을 하고 있기 때문에 서로 쉽게 미끄
러지면서 움직일 수 있지만, 고체일 경우에는 원자들이 딱딱하
고 울퉁불퉁하며 서로 연결되어 있어서 잘 움직이지 못한다고
했다. 그는 한 걸음 더 나아가서 물질의 맛과 냄새마저도 원자
의 모양에 따라 결정된다고 했다. 물론 이런 주장은 실험으로
확인된 적도 없고, 현대적 의미에서 보면 비과학적인 것이다.

---

* 역자주 : 독일의 코미디언인 발렌틴의 인용문구는 과학적인 것처럼 보이지만 사실은
아무런 의미도 없는 것이다. 「미르볼」, 「비브롬」, 「프리모스」, 「스틱시어트」는 과학용
어처럼 보이도록 하기 위해 만들어낸 의미 없는 단어다.

역사상 최초로 계획된 과학실험을 활용했던 사람은 갈릴레오(Galileo)였기 때문에, 2000년 전의 과학자들에게는 현대 과학자들이 일상적으로 이용하고 있는「과학실험」의 중요성과 유용성이 인식되지도 않았었다.

한편 엠페도클레스(Empedocles, 기원전 490~430년경)는 우주의 만물이 불, 공기, 물, 그리고 흙의 네 가지 원소로 구성되어 있다는「4원소설」을 제안했다. 그는 현대 화학에서 사용하는 화학식과 비슷한

$$피 = (1/4) 불 + (1/4) 물 + (1/4) 흙 + (1/4) 공기$$
$$뼈 = (1/2) 불 + (1/4) 물 + (1/4) 흙$$

과 같은 표현을 최초로 사용했다. 데모크리투스와 같은 시대의 철학자였던 플라톤(Plato, 기원전 427~347)은 데모크리투스의 원자설을 부정하고 엠페도클레스의 4원소설을 이어받았다. 피타고라스 학파였던 플라톤은「플라톤 다면체(platonic solids)」*중에서 네 개를 각각의 원소와 대응시켜 정사면체(tetrahedron)=불, 정팔면체(octahedron)=공기, 정육면체(cube)=흙, 정이십면체(icosahedron)=물을 나타낸다고 생각했다.

플라톤의 기호는 19세기 존 돌턴(John Dalton)의 원자설이 제기될 때까지 사용되었던 화학기호만큼이나 중요한 의미를 가진다. 그러나 더욱 흥미로운 사실은 플라톤의 이론에서도 대칭성이 중요한 역할을 하고 있었다는 것이다. 즉 플라톤은 정사면체, 정팔면체, 정이십면체와 같은 다면체는 모두 정삼각형의 면을 가지고 있기 때문에 분해해서 다른 모양으로 다시 조

---

* 역자주 : 모든 면이 동일한 다면체. 정사면체(정삼각형), 정육면체(정사각형), 정팔면체(정삼각형), 정십이면체(정오각형), 정이십면체(정삼각형)의 다섯 종류가 있음.

립할 수 있지만, 정육면체는 이
들과는 달리 정사각형 모양의
면을 가지고 있으므로 나머지
세 가지 다면체와는 구별된다
고 생각했다. 그래서 불과 공기
와 물은 서로 변환이 가능하지
만 흙으로는 변환될 수 없다고
주장했다.

그 후 정오각형 면으로 만들
어진 정십이면체(dodecahed-
ron)가 우주를 뜻하는 다섯번
째 원소인 「제5원(quintes-
sence)」을 나타내는 기호로 추
가되었다. 원 안쪽에 다섯 개의
정삼각형을 이어서 그리면 정

4원소와 제5원을 나타내는 기호로 사용되었던 플라톤 다면체

오각형이 된다는 사실은 당시의 수학에서는 위대한 발견이었
다. 아마도 그런 이유로 다른 네 개의 원소들보다 더 순수하다
고 여겨졌던 제5원을 나타내는
기호로서 정오각형 면으로 된
정십이면체를 선택했던 것 같
다. 「제5원」은 우주가 처음 창
조될 때 생성된 후에 공중으로
날아가서 별이 되었다고 생각
되었다. 극히 최근까지도 오각
형과 다섯 개의 모서리를 가진
별 모양에는 순수함을 나타내

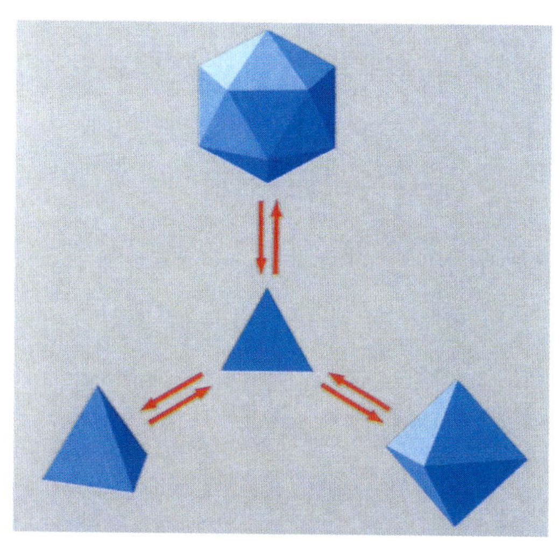

불, 공기, 물의 변환에 대한 고대 그리스의 견해

는 특별한 주술적 의미가 있다는 믿음과 지금도 악령과 마녀를 막아주는 상징으로 사용되고 있다는 사실도 바로 이런 유래와 관계가 있을 것이다. 파우스트(Faust)는 메피스토펠레스(Mephistopheles)에게 『오각형도 고통을 일으키느냐?』라고 물었을 정도로 오각형은 신성시되었다.

플라톤이 대칭적인 다면체를 사용해서 원소를 나타냈다는 사실은, 과학적 관점에서 보면 그렇게 중요한 것이 아닐 수도 있다. 그러나 고대 철학자들이 아무 근거 없이 단순히 직감적인 느낌만으로 물질의 기본요소인 원소 또는 적어도 그런 원소를 나타내는 기호라도 감자와 같이 아무렇게나 생긴 것이 아니라 매력적이고 매우 대칭적인 모양이어야 한다고 확신했다는 점은 매우 흥미로운 사실이다.

아리스토텔레스(Aristotle, 기원전 384~322)도 독특한 대칭성을 이용해 4원소의 특징과 이들 사이의 관계를 설명했다. 그는 4원소 사이의 관계를 그림으로 나타내면 대칭적인 모양의 고전적인 「주기율(週期律)」이 된다고 했다. 아마도 네 개의 원소 중 어느 하나가 무엇인지 몰랐다고 하더라도 주기율표에서 나머지 세 원소의 상대적인 위치와 약간의 상상력을 이용해 네번째 원소를 찾아낼 수 있었을 것이다.

여기에서는 화학의 역사에

고대 그리스 시대의 원소의 주기율

대해 자세히 설명하려는 것이 아니기 때문에 17세기의 이야기로 넘어가기로 한다. 1611년 요하네스 케플러(Johannes Kepler, 1571~1630)는 그의 후원자였던 마테우스 바커 폰 바켄펠스(Mathäus Wacker von Wackenfels)에게 육각형 눈송이에 대한 논문 〈육각형의 눈송이에 대하여(*De Nive Sexangula*)〉를 신년 선물로 증정했다.[4] 이 논문에서 케플러는 육각형의 눈송이 모양을 분석함으로써 결정에서 기본 구성단위가 배열되는 방법에 따라 결정이 갖는 거시적 대칭성이 정해진다는 결론을 얻었다. 물론 케플러는 현재 우리가 이해하고 있는 「분자 (molecule)」의 개념을 몰랐기 때문에 눈송이를 구성하는 물이

나 얼음을 그저 둥근 공 모양의 작은 입자라고 생각했다. 돌턴의 원자론이 알려진 후에야 분자가 일반적으로 둥근 공 모양이 아니라 명백하게 비대칭적인 모양을 가지고 있다는 것을 알게 되었다. 여기에서는 이런 역사적인 문제를 살펴보는 대신, 케플러가 설명했던 것처럼 둥근 공들이 어떻게 모이면 거시적인 대칭성이 나타나는가를 살펴보기로 한다. 사실은 케플러가 논문을 발표하기 몇 년 전인 1599년에 이미 토마스 해리옷(Thomas Harriot, 1560~1621)[5]이 똑같은 문제를 풀었

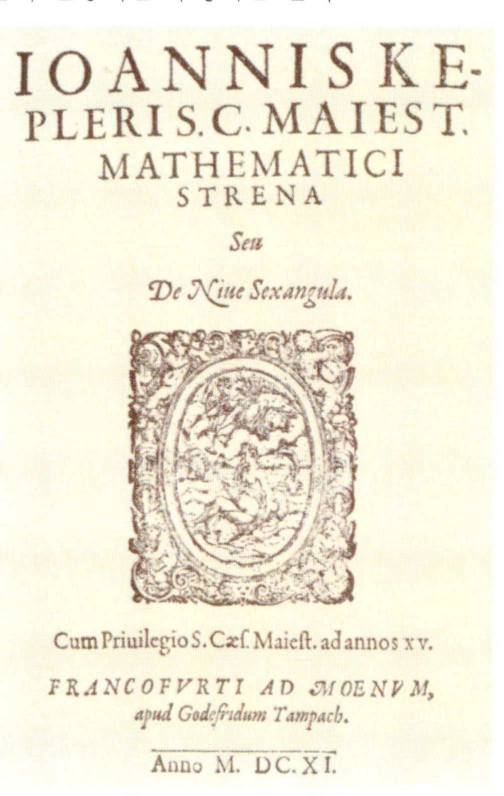

케플러 논문의 표지[4]

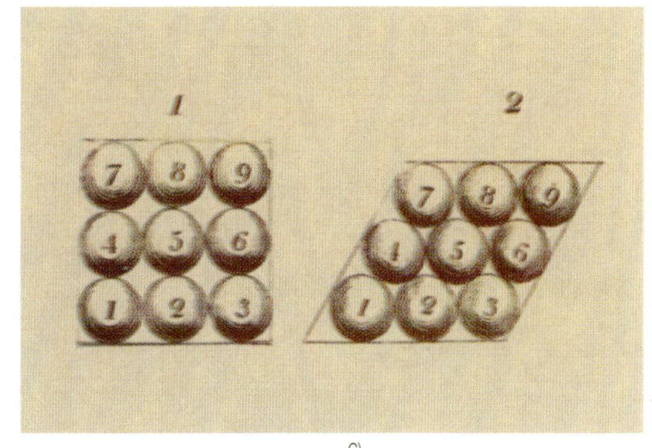

맞닿은 공의 사각 구조와 육각 구조(돌턴)[6]

었다. 그러나 과학의 역사에서 가끔 있었던 것과 같이 논문을 먼저 출판한 케플러만이 이 문제를 해결한 공적을 인정받게 되었다.

돌턴은 1808년에 발간한 《화학철학의 새로운 체계(*A New System of Chemical Philosophy*)》에서 평면에 크기가 같은 공들을 서로 맞닿게 늘어놓으면 그 배열이 매우 대칭적이고, 그 방법은 두 가지뿐이라는 사실을 밝혀냈다.

배열 1에서는 하나의 공이 네 개의 다른 공과 맞닿아 있고 사각형의 격자가 된다. 즉 이 배열에서 5번 공은 2, 4, 6, 8번의 공과 직접 맞닿아 있다. 그러나 배열 2에서는 5번 공이 2, 3, 4, 6, 7, 8번의 여섯 개의 다른 공과 맞닿아 있어, 예각이 $60°$이고 둔각이 $120°$인 육각형 격자가 된다. 같은 크기의 공을 배열 2의 방법으로 평면에 늘어놓으면 배열 1보다 같은 면적에 더 많은 공을 놓을 수 있다. 그리고 배열 2의 방법을 계속 반복해서 공을 늘어놓으면 옆 그림과 같은 모양이 된다. 여기에서 육각형 모양의 눈송이가 이런 방법으로 만들어지거나, 적어도 이렇게 만들어질 수 있다는 사실을 명백히 알 수 있다.

1936년 벤틀리(W. A. Ben-

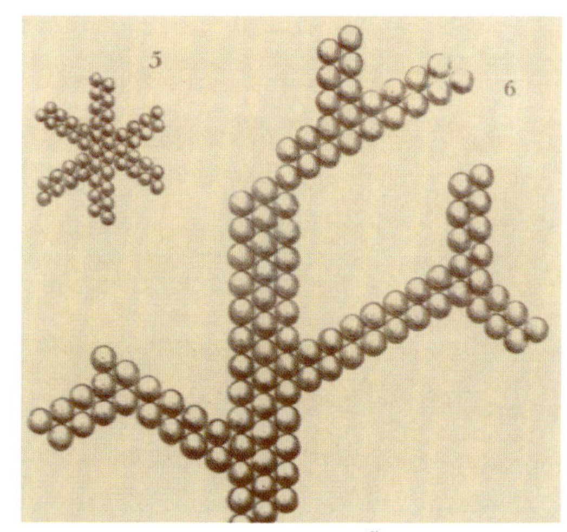

육각형 쌓기에서 만들어지는 확장 평면 패턴(돌턴)[6]

tley)와 험프리스(W. J. Humphreys)는 동일한 대칭성이 단순히 반복되어 만들어지는 눈송이의 종류가 얼마나 다양하고 아름다운가를 잘 보여주는 훌륭한 현미경 사진집을 발간했다.

그러나 둥근 공을 특별한 배열방법에 따라 늘어놓으면 부분적으로는 눈송이에서 볼 수 있는 육각형 대칭성이 나타나지만, 실제 눈송이에서와 같이

벤틀리와 험프리스가 촬영한 눈송이 결정의 모양[7]

다양하면서도 규칙적인 가지가 어떻게 형성될 수 있는가는 아직도 명백하지 않다. 사실 이것은 케플러 자신의 논문에서도 지적된 문제로서 오늘날까지도 명쾌하게 해결되지 않고 있다. 그럼에도 불구하고 케플러의 논문은 물체의 거시적인 대칭성이 눈으로 직접 볼 수 없는 초미세 구조에서부터 시작된다는 것을 처음으로 보여준 중요한 업적으로 인정받고 있다. 미시적 구조의 대칭성이 거시적인 대칭성으로 나타난다는 사실은 해리웃과 케플러의 연구에서 이미 밝혀졌듯이 2차원의 평면보다 3차원의 예를 잘 살펴보면 더욱 뚜렷이 알 수 있다.

평면에서 공들이 서로 맞닿게 배열하는 대신에 서로 맞닿은 공으로 공간을 채우는 경우, 하나의 공이 정확히 열두 개의 다른 공들과 서로 접촉하게 된다. 그리고 이 경우에도 두 가지의 서로 다른 배열이 가능하다. 다음 그림의 왼쪽에서는 가장 윗줄에 배열된 세 개의 공이 가장 아랫줄에 배열된 세 개의 공 바

하나의 공이 열두 개의 다른 공과 맞닿은 배열

로 위에 위치하게 된다. 그러나 오른쪽의 배열에서는 가장 윗줄과 아랫줄에 있는 세 개씩의 공이 서로 60°만큼 비틀어져 있다.

　이런 배열방법으로 공간을 채워가면 주어진 부피에 가장 많은 수의 공을 넣을 수 있게 되며, 따라서 그런 밀집 쌓기 구조도 두 가지 종류가 있게 된다. 첫번째(왼쪽) 배열방법을 이용하면 육각형의 대칭성이 나타나고, 두번째(오른쪽) 방법에서는 등방형의 대칭성이 보인다. 이런 사실은 모형을 이용해 공을 쌓아보면 쉽게 알 수 있다. 2차원의 평면에서는 앞에서 설명한 것과 같이 육각형 격자의 경우에 공의 밀도가 가장 커진다는 사실을 완벽하게 증명할 수 있다. 그러나 3차원 공간에 공을 채울 경우 비주기적이고 불규칙적인 방법으로 쌓는 것이 주기적인 방법으로 채우는 것보다 항상 밀도가 작을 것인가는 아직도 완벽하게 증명되지 않았다. 그렇지만 육각 쌓기와 등방 쌓기의 경우 최대 밀도를 얻게 될 것임을 의심하는 사람은 거의 없다〔이 책을 쓰는 동안 중국의 수학자 우이 샹(Wu-Yi Hsiang)이 완벽한 증명을 했다는 논문이 발표되었다〕.[8]

　케플러는 눈송이 모양뿐만 아니라 벌집과 석류 씨앗 모양에도 관심을 가지고 있었다. 평면 위에 육각형 세포가 배열된 벌집 모양은 눈송이 문제와 비슷하지만 석류 씨앗 모양은 훨씬 더 어려운 문제다. 케플러는 석류 씨앗 모양을 연구하는 과정에서 평행사변형, 정삼각형, 사각형 또는 육각형을 이용하면 2차원 평면을 덮을 수 있으며, 평행육면체(parallelepiped), 삼각 프리즘(triangular prism), 사각 프리즘(square prism), 육각 프

육각 및 등방 밀집 쌓기 구조

리즘(hexagonal prism) 이외에
도 독특한 형태의 다면체인 사
방 십이면체(斜方十二面體,
rhombic dodecahedron)를 이용
하면 3차원 공간을 채울 수 있
다는 사실을 발견했다. 사방 십이면체는 아래 그림에 나타낸 것
과 같이 열두 개의 면과 열네 개의 꼭지점을 가지고 있는 다면
체로서, 원래 육면체가 가지고 있는 꼭지점 여덟 개 이외에 육
면체의 각 면 중심 바로 위에 하나씩의 꼭지점을 더 가지고 있
는 모양이다. 사방 십이면체는 등방 밀집 쌓기 구조에서 중심에
위치한 공과 주변에 있는 열두 개의 공 사이를 지나는 열두 개
의 면으로 만들어지는 구조라고 생각할 수도 있다. 케플러는 석
류 씨앗이 처음에는 공과 같이 둥근 모양으로 자라지만, 어느
정도 자란 후에는 한정된 공간을 가장 효과적으로 채우기 위해

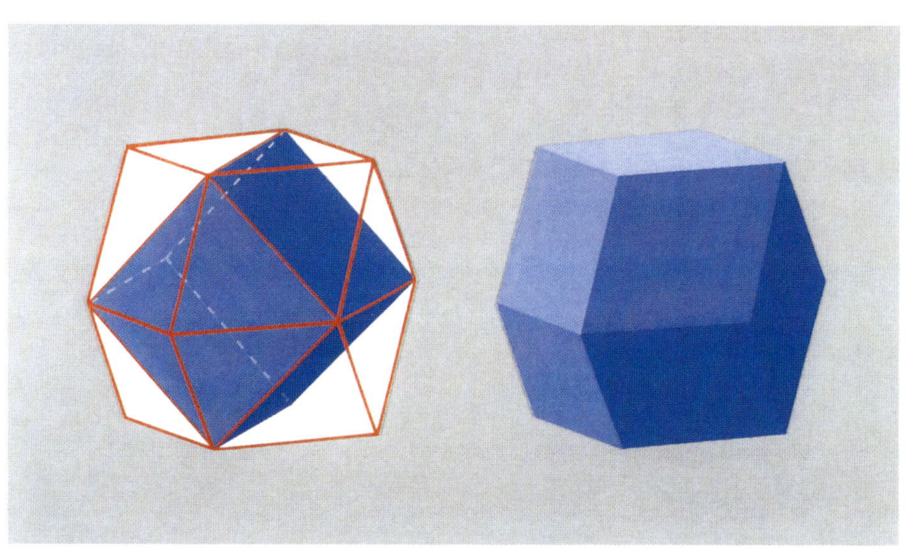
사방 십이면체의 두 가지 표현방법

독특한 사방 십이면체의 모양으로 바뀌게 된다고 설명했다.

대부분의 금속에서 원자는 등방 밀집 쌓기 구조 또는 육각 밀집 쌓기 구조로 배열된다. 둥근 공 모양의 원자가 서로 맞닿으면서 대칭성이 큰 모양으로 배열된다는 케플러의 모형으로 금속의 구조를 설명할 수 있다는 사실은, 전문가가 아니더라도 매우 흥미롭다고 인정할 것이다. 그러나 이런 설명이 너무 단순한 것이 아닌가 하고 의아스럽게 생각할 수도 있고, 둥근 공 모양의 원자들이 밀도가 가장 큰 구조로 모여야만 하는 근본적인 이유가 있는가에 대한 의문을 제기할 수도 있다. 사실 이런 의문은 당연한 것이라고도 할 수 있다. 실제로 원자나 분자가 서로 모여서 쌓이는 구조는 그렇게 쉽게 설명할 수 없다. 우선 여러 개의 원자가 결합되어 만들어진 분자가 공과 같이 둥근 모양이라고 생각하는 것은, 마치 소가 공 모양의 대칭성을 가지고 있다고 생각하면서 외양간을 짓는 것처럼 엉터리다. 분자의 모양을 단순화해서 공 모양의 대칭성을 가지고 있다고 가정하는 것은 전혀 적절하지 않다.

설사 분자의 모양을 공 모양으로 단순화하더라도 더 복잡한 문제가 남아 있다. 분자가 둥근 모양이라는 것은 일정한 거리만큼 떨어져 있는 두 분자 중 하나를 회전시키더라도 두 분자 사이에 작용하는 인력(引力)은 변하지 않는다는 뜻이다. 더욱이 분자들이 모일 때 밀도가 가장 큰 구조로 쌓이게 된다는 케플러의 모형은, 두 분자 사이에 작용하는 인력은 거리가 가까울수록 커져서 두 분자가 서로 맞닿게 되면 가장 커진다는 것을 의미한다. 그러나 이런 가정이 일반적인 것이라면 모든 물질은 밀도가 가장 큰 구조인 밀집 쌓기 구조가 되어야 하고, 그렇지 않은 물질의 구조는 전혀 설명할 수 없게 된다. 따라서 둥근 공 모양의 분자 사이에 작용하는 인력은 일반적으로 거리에 따라서 상당히 복잡한 모양으로 변화한다고 생각할 수밖에 없다. 즉 어떤 거리에서는

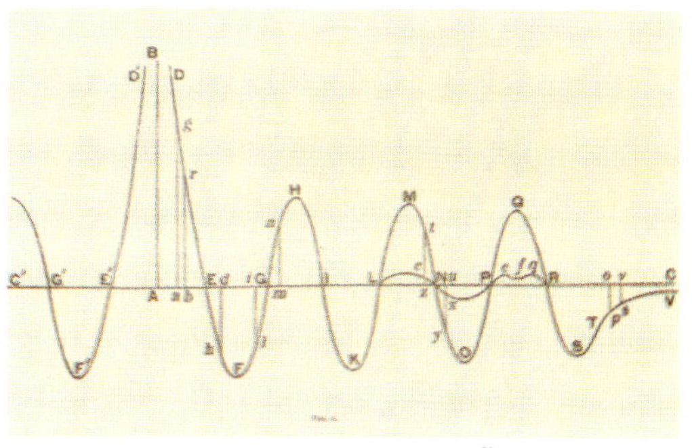

보스코빅이 제안한 두 원자 사이에 작용하는 힘의 변화[9]

두 공이 서로 잡아당기지만 거리가 변하면 서로 밀칠 수도 있다고 가정해야만 한다. 실제로 예수회 사제였던 루드거 보스코빅(Rudjer Bosković, 1711~1778)[9]은 1763년 베니스에서 출판한 《자연 철학 이론(*Theoria Philosophiae Naturalis*)》에서 『두 원자 사이에 작용하는 힘은 거리에 따라 복잡하게 변한다』라고 가정했었다. 한 원자가 점 A에 있고 두번째 원자가 F, K, O 또는 S의 위치에 있으면 두 원자는 서로 잡아당기고, 두번째 원자가 H, M 또는 Q에 있으면 서로 밀치게 된다고 가정했다〔위 그림은 원자 사이에 따라 퍼텐셜 에너지(potential energy)가 어떻게 변하는가를 그린 것이 아니고, 퍼텐셜 에너지의 도함수가 어떻게 변하는가를 나타낸 것이다〕.

오늘날 우리가 알고 있는 화학 상식에 따르면 원자 사이에 작용하는 힘이 위 그림에서와 같이 거리에 따라 변한다는 것은 전혀 타당하지 않다. 그렇기 때문에 분자가 둥근 공 모양일 것이라는 생각은 포기할 수밖에 없다. 그러나 두 원자 사이의 힘이 거리에 따라 변한다고까지 생각하면서 대칭적인 둥근 공 모양의 원자 모형을 지켜보려고 노력했던 보스코빅의 시도가 그 후에도 험프리 데이비(Humphrey Davy), 마이클 패러데이(Michael Faraday), 그리고 후에 켈빈(Kelvin) 경이 된 요셉 존 톰슨(Joseph John Thomson)을 비롯한 19세기의 많은 과학자들에게까지 이어져 왔다는 사실을 무시해서는 안 된다.

　분자는 일반적으로 대칭성이 매우 낮은 모양을 하고 있으며, 대칭성이 전혀 없는 경우도 흔히 볼 수 있다. 그리고 두 분자 사이에 작용하는 힘도 두 분자의 상대적인 방향에 따라 매우 민감하게 변한다. 그렇다면 「대칭성」이 정확하게 무엇을 뜻하는지는 논외로 하더라도, 과연 분자의 「대칭성」으로부터 화학적으로 의미 있는 결론을 얻을 수 있을 것인가에 대해 매우 의아스러운 생각이 들 것이다. 만약 「대칭성」의 개념이 정말 유용한 것이라면, 언뜻 보아서는 아무런 대칭성도 찾을 수 없고 바로 그렇기 때문에 풀기 어려운 문제를 해결하는 데 획기적으로 도움이 되어야만 할 것이다. 어쩌면 「대칭성」이라는 개념에는 지금까지 살펴본 예에서 짐작할 수 있는 것보다 훨씬 더 광범위하고 깊은 의미가 있을지도 모른다.

4. 대칭논리의 유용성

단순하고 직감적인 대칭성만으로도 상당한 이득을 얻을 수 있다. 언뜻 보아서는 대칭성과 아무런 관련도 없는 것 같고, 복잡하고 어려운 논리를 사용해야만 해결할 수 있을 것처럼 보이는 경우에도 대칭성을 적절히 활용하면 놀라울 정도로 간단하게 해답을 얻을 수 있는 경우가 있다. 요즈음 유행하는 상업 광고식으로「순간적 직감! 대칭성을 활용해보세요!」라고나 할까. 여기에서는 대칭성을 이용해 간단히 해결할 수 있는 몇 가지 문제를 살펴보기로 하자.

예 1.

두 사람이 테이블에 마주앉아 번갈아 가면서 담배를 배열하는 게임을 한다. 테이블의 어느 곳에나 담배를 놓아도 좋지만 테이블에 이미 놓여 있는 다른 담배에 닿아서는 안 된다. 뒤쪽의 그림은 이와 같은 방법으로 다섯 개의 담배를 놓았을 때의 모습이다.

이 게임에서는 다른 담배를 건드리지 않고는 더 이상 담배를

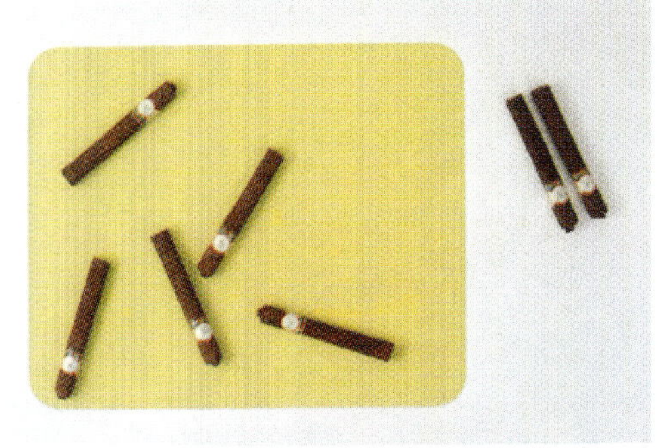

담배 게임

놓을 수 없게 된 사람이 패자가 된다. 과연 두 사람 중 누가 이기게 될까?

다른 담배에 닿지만 않는다면 테이블 위의 어느 곳에나 담배를 놓을 수 있기 때문에 누가 이길지 예측하기란 불가능할 것 같다. 그렇지만 대칭성을 잘 활용하면 두번째로 담배를 놓게 되는 B가 항상 이길 수 있는, 독특한 방법이 있다는 사실을 발견할 수 있다. 즉 첫번째 사람 A가 어디에 담배를 놓든 상관없이 A가 담배를 놓은 위치로부터 테이블 중앙의 반대쪽 대칭이 되는 곳에 담배를 놓는다면 B는 항상 게임에서 이길 수 있다.

B가 이런 전략을 계속 이용할 경우 A가 담배를 놓을 수 있는 자리를 찾는다면 중앙으로부터 대칭되는 곳이 늘 비어 있게 마련이다. 결국 게임을 먼저 시작한 A는 빈 자리를 찾을 수 없게 될 것이고, 언제나 B가 이길 수밖에 없다.

그렇지만 이와 같은 B의 대칭화 전략에 A가 대처할 수 있는 방안이 전혀 없는 것은 아니다. 즉 B가 테이블의 중앙에 대칭이 되는 위치를 찾을 수 없도록 만들면 될 것이다. 만약 뒤쪽의 그림에서와 같이 A가 테이블의 중앙에 담배를 수직으로 세워놓으면 어떻게 될까? 이렇게 되면 B는 대칭이 되는 곳에 담배를 놓는다는 전략을 더 이상 사용할 수 없으므로 어쩔 수 없이 임의의 곳에 담배를 놓아야 하는 상황에 빠지게 된다. 이제

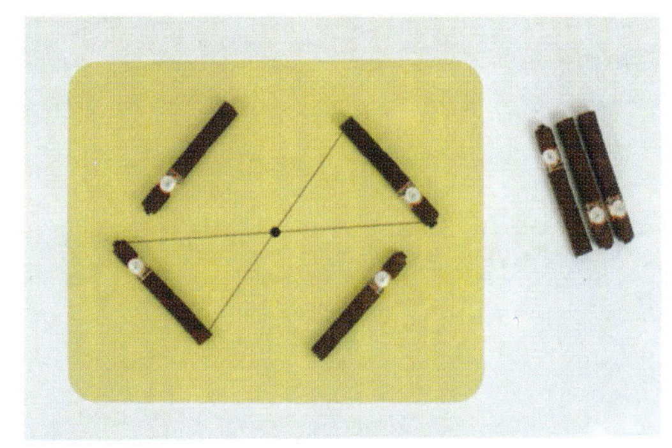

담배 게임의 전략

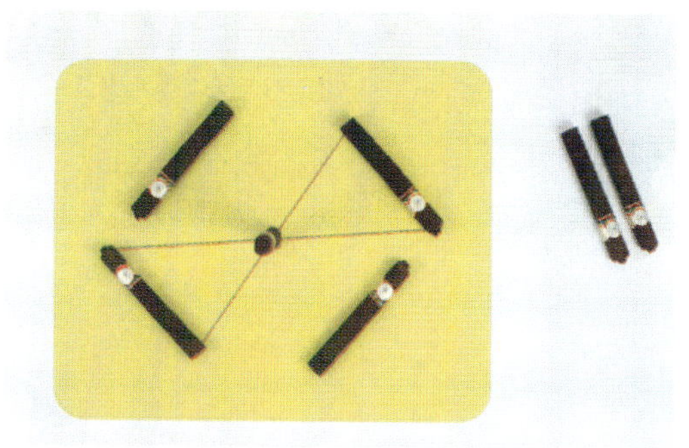

A는 앞의 경우와는 달리 항상 대칭이 되는 곳에 빈 자리를 찾을 수 있어 B가 깨뜨린 대칭성을 회복할 수 있고 결국 게임에서 이기게 된다. 즉 A는 대칭성의 관점에서 독특한 위치를 선택함으로써 입장을 완전히 뒤바꾸어 게임에서 승리할 수 있게 되는 것이다.

대칭화를 이용하는 B의 전략과 역시 대칭성을 이용해 그 전략을 무력화시키는 A의 전략에서 이 문제의 해답을 알 수 있다. 즉 대칭성을 깨뜨리지 않고 담배를 놓을 수 있는 위치인 테이블의 중앙을 먼저 차지하는 사람이 게임에서의 승리를 보장받게 된다.

예 2.

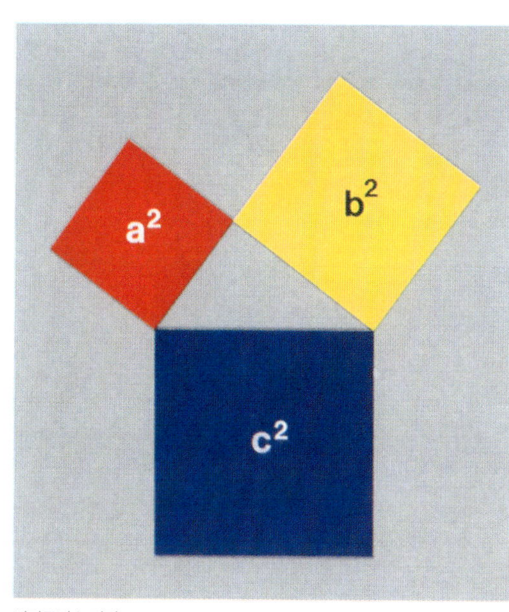

피타고라스 정리

『직각 삼각형에서 긴 변의 길이의 제곱(c^2)은 나머지 두 변의 길이의 제곱의 합(a^2+b^2)과 같다』라는 피타고라스(Pythagoras) 정리를 보면 지루함과 공포감마저 안겨주던 학창시절 수학시간의 기억이 생생하게 떠오르는 사람도 있을 것이다. 일반적으로 피타고라스 정리를 증명하기 위해서는 먼저 직각 삼각형에 몇 개의 보

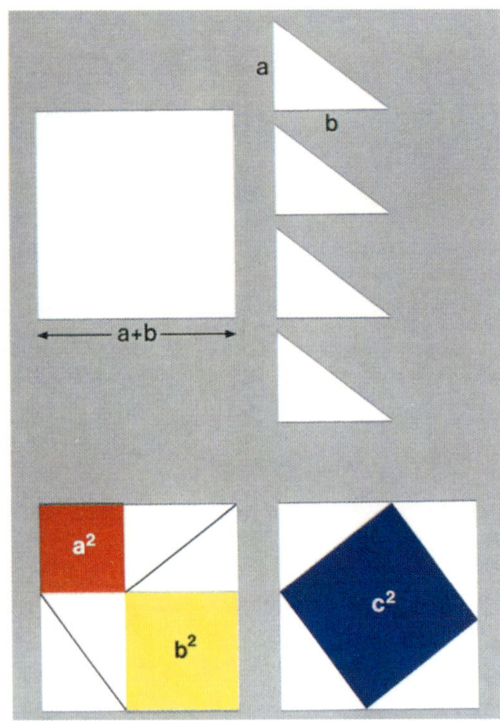

피타고라스 정리를 증명하는 바스카라 2세의 방법

조선을 긋고 나서 사각형, 평행사변형 및 삼각형의 면적에 대한 유클리드(Euclid) 정리를 신비할 정도로 복잡하게 이용해야만 한다. 이런 복잡한 증명은 학생들을 혼란스럽게 만들기도 하고 공포에 몰아넣기도 한다.

그러나 피타고라스 정리의 복잡한 증명도 대칭화 방법을 이용하면 훨씬 간단히 해결할 수 있다. 이런 사실을 처음으로 발견한 사람은 12세기 인도의 수학자 바스카라 2세(Bhâskara II, 1114~1185?)였다. 먼저 종이에 한 변의 길이가 $a+b$ 인 정사각형과 직각으로 만나는 변의 길이가 a와 b인 직각 삼각형 네 개를 그려서 가위로 오려낸다. 잘라낸 네 개의 직각 삼각형을 정사각형 위에 그림과 같이 두 가지 방법으로 겹쳐놓는다.

정사각형 위에 겹쳐놓은 직각 삼각형 네 개의 넓이는 겹쳐놓는 방법에 상관 없이 같을 것이기 때문에 이 그림을 보면 $a^2+b^2=c^2$이 된다는 사실을 쉽게 알 수 있다. 단순히 대칭화하는 것만으로 모든 사실이 극히 명백해졌기 때문에 인도의 수학자는 『보아라!』하는 단 한 마디의 말 이외에는 더 이상 아무런 설명도 할 필요가 없었다.

예 3.

　세 변의 길이가 모두 다른 삼각형을 그린 후에 각 변의 바깥쪽으로 세 개의 정삼각형을 그려 다음과 같은 모양을 만든다. 이렇게 그려진 정삼각형 세 개의 중심을 연결할 때 나타나는 삼각형도 세 변의 길이가 모두 같은 정삼각형임을 증명해보자.

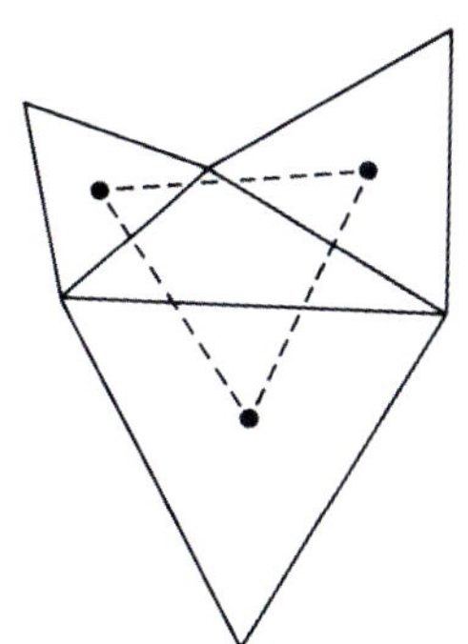

　이 문제를 유클리드 기하학의 공식이나 삼각함수 사이의 관계식을 이용해 증명하려면 길고 복잡하게 뒤엉킨 식이 나오므로 만족스러운 증명방법을 찾아내기란 그리 쉬운 일이 아니다. 그렇지만 대칭성을 이용하면 사정이 전혀 달라진다.

　대칭적 성질을 이용하기 위해서는 처음의 삼각형과 그 바깥에 그린 세 개의 정삼각형을 합친 도형을 주기적으로 늘어

위의 기하학적인 도형으로 채워진 평면

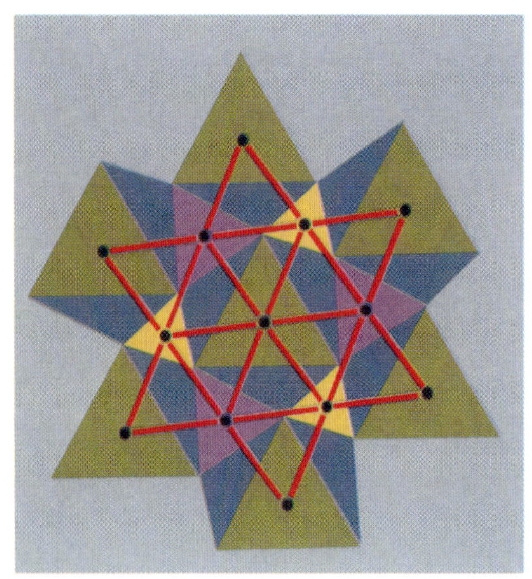
세 겹 대칭을 가진 평면 무늬. 세 개의 정삼각형 각각의 중심을 연결해서 생기는 삼각형도 역시 정삼각형이다.

놓으면 평면이 완전히 메워진다는 사실만 이해하면 된다. 그리고 그러한 평면 무늬가 3중 회전축을 가지고 있다는 사실을 깨닫기만 하면 된다. 3중 회전축을 중심으로 $120°$ 회전시키면 원래의 모습으로 되돌아오는데, 이런 회전축은 정삼각형의 대표적인 대칭성이다. 바깥에 그려진 세 개의 정삼각형 중심을 연결해 만들어지는 큰 삼각형의 모서리각이 $60°$ 라는 사실도 아무런 설명 없이 바로 알아볼 수 있다. 따라서 어떤 삼각형이라도 그 바깥에 크기가 서로 다른 정삼각형 세 개를 그린 후에 정삼각형들의 중심을 이어 삼각형을 만들면, 처음 삼각형의 모양과는 상관 없이 항상 세 변의 길이가 같은 정삼각형이 된다.[10]

지금까지는 대칭성을 이용해서 간단하게 해결할 수 있는 기하 문제를 살펴보았다. 이제부터는 물리에서 잘 알려진 예를 살펴보기로 한다.

예 4.

A와 같이 가는 막대기의 양쪽에 두 개의 추를 매달았을 때 두 추의 무게와 막대기의 길이 사이에 「균형의 법칙(lever law)」이 만족되면 막대기가 어느 쪽으로도 기울지 않고 수평이 유지된다. 즉 왼쪽에 매달린 추의 무게 G_1과 막대기의 길이 H_1

의 곱이 오른쪽에 달린 추의 무게 G_r과 막대기의 길이 H_r의 곱과 같으면 막대기는 균형을 유지한다. 균형의 법칙을 수학적인 식으로 나타내면 다음과 같다.

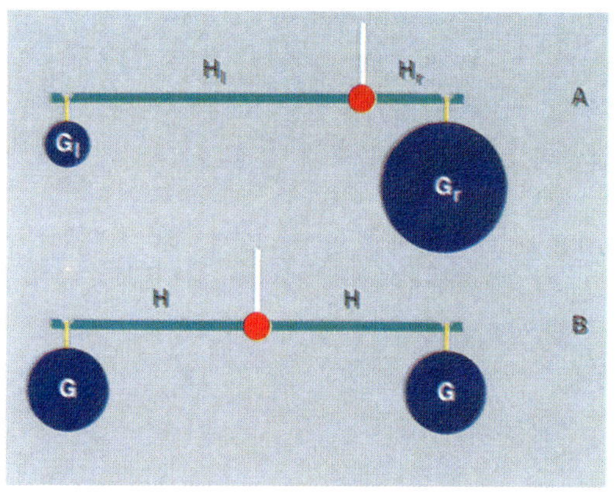

균형의 법칙

$$G_l \times H_l = G_r \times H_r \tag{1}$$

균형의 법칙은 일상생활에서의 경험을 통해 쉽게 확인할 수 있지만, 이 법칙을 논리적으로 완벽하게 증명하는 것은 그렇게 간단하지 않다. 이 문제는 고대 그리스 시대에도 미해결의 문제로 널리 알려져 있었다. 아리스토텔레스가 이 문제에 도전해 보았지만 실패했고, 결국 100년이 지난 후에야 시러큐스에서 활약하던 아르키메데스(Archimedes, 기원전 287~212)가 이 문제를 해결하고, 《평형에 대하여(De aequiponderantibus)》에 그 해답을 발표했다.

균형의 법칙을 나타내는 (1)식은 두 개의 추가 같은 무게이고($G_l=G_r=G$), 양쪽 막대기의 길이가 같은 경우($H_l=H_r=H$)에도 성립한다. 한편 이 경우는 그림 B에서처럼 막대기의 중앙을 중심으로 양쪽이 대칭이기 때문에 더 이상의 설명이 없어도 균형의 법칙이 성립한다는 것을 명백히 알 수 있다. 아르키메데스로부터 1800여 년이 지난 후인 17세기에 이르러 갈릴레이 갈릴레오(Galilei Galileo, 1564~1642)와 네덜란드의 사이몬 스테빈(Simon Stevin, 1548~1620)은 이런 사실을 이용해 균형의 법칙을 증명할 수 있는 새로운 방법을 알아냈다. 대칭의 원리를 근거로 한 이들의 방법은 물리나 수학을 잘 모르는 사람도

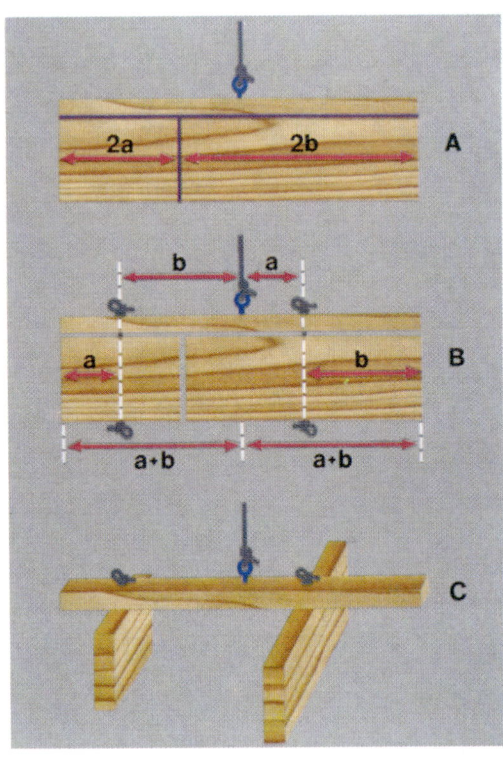
대칭의 원리를 이용한 균형의 법칙 증명

이해할 수 있을 정도로 단순하고 쉬운 것이었다.

A와 같이 나무판의 중앙 부분에 줄을 매어 늘어뜨리면, 줄이 매여 있는 위치로부터 양쪽이 대칭이기 때문에 앞에서 설명한 것과 같이 어느 쪽으로도 기울어지지 않고 균형을 이루게 된다.

이제 나무판을 그림 B의 실선에 따라 잘라서 세 조각으로 만든다. 얇은 막대기의 길이는 원래 나무판의 길이와 같은 L 이다. 폭이 넓은 조각들의 길이는 각각 $2a$와 $2b$로 서로 다르게 만든다. 두 조각의 길이의 합 $2a+2b$는 L과 같다. 세 개의 나무 조각에 구멍을 만들어 그림 B와 같이 줄로 묶으면 균형을 이루고 있는 그림 A와 똑같은 모양으로 복원할 수 있다. 나무 조각을 묶는 데 사용하는 줄의 무게가 무시할 수 있을 정도로 가볍다면, 세 개의 조각으로 분리된 B의 경우도 역시 균형이 유지될 것임은 너무나도 명백하다. 구멍에 꿴 줄로 연결된 아래 부분의 나무 조각을 여러 부분으로 자른 후에 그림 C와 같이 직각 방향으로 돌려놓더라도 균형이 깨어지지는 않을 것이다. 이제 그림 C는 G_l과 G_r의 무게를 가진 두 개의 추가 매달린 앞의 그림 A와 추의 모양만 다를 뿐 근본적으로 차이가 없다는 것을 알 수 있다. 균형을 이루고 있는 그림 C에서 추가 매달린 양쪽 막대기의 길이 H_l과 H_r은 각각 b와 a가 된다. 그리고 왼쪽 추에 해당하는 나무판의 무게 G_1은 나무판의 길이 $2a$에 비례할 것이고, 오른쪽 추의 무게 G_r은 $2b$에 비례한다. 따라서 $G_1 \times H_1$은 $2a \times b = 2ab$에 비례하고, $G_r \times H_1$도 역시 $2b \times a = 2ab$에 비례하므로 (1)식에 나타난 균형 법칙이 성립한다.

예 5.

앞의 예와 비슷한 문제가 또 하나 있다. 그림 A에는 기울기가 다른 두 개의 경사면 AB와 BC 위에 두 개의 상자가 줄로 연결되어 있다. 두 상자의 무게는 각각 G_1과 G_r이고 바퀴가 달려 있기 때문에 어느 쪽으로나 움직일 수 있다. 어떤 경우에 두 상자가 움직이지 않고 균형을 유지할 수 있을까? 이 문제도 앞에서 설명한 균형의 법칙을 간단히 증명했던 스테빈이 해결했다.

스테빈은 「경사면의 법칙(law of the inclined plane)」을 증명하기 위해 그림 B와 같이 동일한 무게의 작은 추가 일정한 간격으로 매달려 있고 두 경

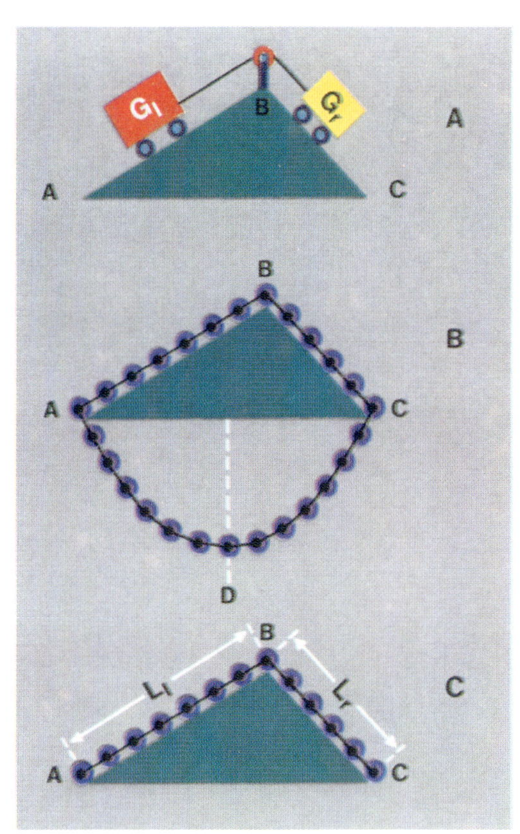

스테빈이 제안한 「경사면의 법칙」 증명

스테빈의 《수학 입문》 표지

사면 AB와 BC 전체에 올려놓을 수 있는 ABC 길이의 사슬을 생각했다. 만약 사슬의 양쪽 끝 A와 C를 적당한 길이의 사슬로 연결해서 ADC와 같이 경사면 아래로 늘어뜨린다면, 이 사슬은 어느 쪽으로도 움직이지 않는 균형상태에 있어야만 한다. 만약 그렇지 않다면 사슬은 어느 한쪽으로 돌기 시작할 것이고, 연결된 사슬이 움직이기 시작하면 그 움직임은 영원히 멈추어지지 않을 것이다. 만약 이것이 사실이라면 경사면에 걸쳐진 사슬은 영구기관*이 될 것이다. 스테빈은 경사면에 걸쳐진 사슬이 균형을 이루고 있다는 사실에 대칭성의 원리를 적용함으로써 「경사면의 법칙」을 간단히 증명했다.

경사면 아래로 처진 사슬 ADC는 변 AC의 중앙에 대해 대칭이기 때문에 A와 C에 같은 크기의 힘을 미칠 것이다. 따라서 경사면 아래로 처진 사슬을 잘라내더라도 경사면 위에 놓인 사슬의 균형은 깨지지 않고 유지될 것이다. 즉 그림 C에서 사슬 AB와 사슬 BC는 균형을 이루고 있어야만 한다는 결론을 얻게 되었다. 한편 두 경사면 위에 놓인 두 사슬의 무게 G_l과 G_r은 사슬의 길이 $AB=L_l$과 $BC=L_r$에 비례한다. 여기에서 스테빈은

---

* 역자주 : 『에너지는 보존된다』라는 열역학 제1법칙과는 달리, 외부에서의 에너지 공급 없이 영원히 일할 수 있는 불가능한 가상 장치.

$$G_l \times L_r = G_r \times L_l \tag{2}$$

의 조건이 만족되면 경사면에 놓인 두 사슬이 균형을 이룬다는 사실을 알게 되었다. 이제 각각의 경사면에 놓인 사슬에 매달린 추들을 모아서 원래 문제에서 주어진 상자에 담으면 두 상자의 무게는 각각 G_l과 G_r이 되고 균형의 조건은 (2)식으로 주어지게 된다.

스테빈은 영구기관을 만들 수 없다는 열역학 법칙과 대칭논리를 사용해 간단한 증명방법을 찾아낸 자기 자신에게 감명받아 경사면에 걸쳐 있는 사슬 그림을 1605년 라이덴에서 출판된 그의 저서 《수학 입문(*Hypomnemata mathematica*)》의 표지로 사용했다.

예 6.

마지막으로 대칭성을 이용해 쉽게 풀 수 있는 광학(光學) 문제를 소개한다. 거울 앞에 서서 거울 속에 비친 자신의 모습을 볼 때, 거울 표면에 비친 머리 윤곽의 면적에 대해 생각해보자. 더 정확히 말해 『실제 머리의 윤곽과 거울 표면에 나타난 머리 윤곽의 비율이 얼마인가?』라는 질문이다. 친구들에게 이런 질문을 던지면 대부분의 경우에는 답을 내는 데 매우 어려워할 것이다. 거울에서부터 얼마나 떨어져 있는가에 따라서 그 비율이 달라질까? 거울 표면에 직접 머리의 윤곽을 그려보면 답을 쉽게 알 수 있겠지만, 정답을 가르쳐주어도 쉽게 믿으려고 하지 않을 것이다.

이 문제의 해답은 매우 초보적인 대칭논리를 이용하면 바로

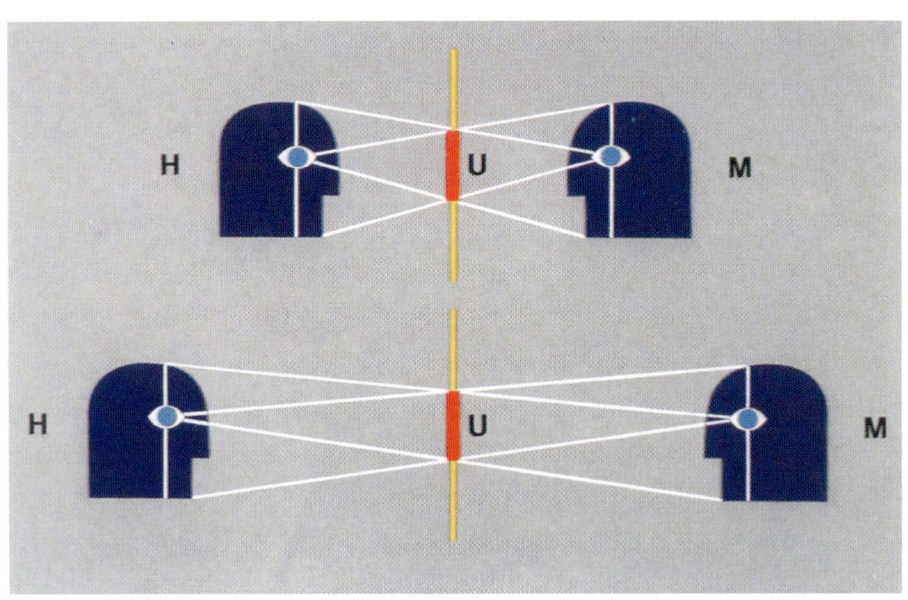

거울에 비친 머리 모습

알 수 있다. 위 그림에서와 같이 머리(H)와 거울에 비친 모습 (M)은 거울 표면에 대해 대칭이다. 이와 같이 거울을 통한 「반사」가 지금까지 살펴보았던 「대칭성」의 핵심이었다. 따라서 대칭의 관점에서 보면 M의 크기는 H의 크기와 같을 수밖에 없다. 그리고 그림에서 알 수 있듯이 관찰자 H의 눈에서부터 거울에 비친 모습 M까지를 연결한 「광선(光線)」이 거울면과 만나서 만들어지는 윤곽 U는 H나 M의 절반이 되어야만 한다.

위의 두 그림을 비교해보면, 결론은 관찰자 H로부터 거울까지의 거리와는 상관 없다는 것도 알 수 있다. 따라서 정답은 『거울 표면에 만들어지는 윤곽은 거울에서부터의 거리에 상관 없이 항상 원래 머리의 절반이 된다』라는 것이다. 믿어지지 않는 사람은 목욕탕의 거울을 이용해 직접 실험해보면 알 수 있을 것이다.

지금까지의 결과를 종합하면 다음과 같다.

1. 「대칭화」가 가능한 경우에는 대칭성으로부터 곧바로 명백한 답을 알 수 있다.

2. 대칭논리는 언뜻 보기에는 아무런 관련이 없는 문제에도 적
   용할 수 있다.
3. 겉으로는 대칭적 특성이 전혀 없어 보이는 경우에도, 체계
   적인 대칭논리를 이용하면 변수 사이의 관계를 이해하는 데
   도움이 된다.

5. 대칭조작

대단히 간단하고 순전히 직관적인 대칭논리만으로도 상당한 이익을 얻을 수 있는 예를 계속 살펴보기로 한다.

화학에서 대칭성을 어떻게 활용할 수 있는가를 본격적으로 알아보기 전에 대칭의 개념을 조금 더 자세히 살펴볼 필요가 있다. 지금까지 대칭이란「그저 직감적으로 느낄 수 있는 것」이라는 막연한 생각으로 설명해왔다. 그러나 대칭논리를 좀더 심각하고 실질적인 문제에 적용하기 위해서는 대칭에 대한 구체적인 개념이 필요하다.

분자를 비롯해서 대칭성을 가진 대상은 그것이 가지고 있는 「대칭조작(對稱操作, symmetry operation)」또는「대칭요소(對稱要素, symmetry element)」를 이용해 분류할 수 있다. 대칭조작의 개념을 간단한 예를 이용해 설명해보자. 손잡이가 달린 찻잔을 그림에서와 같이 180° 회전시키면 찻잔의

찻잔과 꽃병의 180° 회전

손잡이가 왼쪽에서 오른쪽으로 돌아가기 때문에 돌리기 전의 상태와는 분명하게 구별된다. 그러나 손잡이가 두 개 달린 꽃병을 180° 돌리면 찻잔과는 달리 처음과 전혀 차이가 없는 상태가 되어버린다. 물론 꽃병에는 손잡이 이외에는 아무런 표시도 되어 있지 않아야 한다. 만약 꽃병을 놓아둔 방에서 잠깐 바깥으로 나갔다가 되돌아왔다면, 바깥에 있는 동안 꽃병을 그대로 놓아두었는지, 아니면 180° 돌려놓았는지 알아낼 수 있는 방법은 없다. 이처럼 주어진 대상을 다시 「자기 자신」으로 되돌아가게 만드는 조작을 「대칭조작」이라고 부른다. 손잡이가 두 개 달린 꽃병을 180° 회전시킨 것이 바로 그런 대칭조작의 예다. 이런 대칭조작을 C_2라고 간단히 표시하고(C_2에서 아래 첨자 2는 대칭조작을 두 번 반복하면 완전히 한 바퀴 돌아가게 된다는 것을 나타낸다), 손잡이가 두 개 달린 꽃병이 C_2 대칭성을 가지고 있다고 말한다. 손잡이가 하나밖에 없는 찻잔의 경우에는 분명히 그런 대칭성이 없다. 엄밀히 말할 때는 꽃병이 「2중 회전축(twofold rotation axis)」이라는 「대칭요소」를 갖는다고 해야 한다. 그러나 「대칭요소」와 「대칭조작」이라는 용어는 전문가들에게는 구별이 되지만 엄밀한 의미의 차이는 그렇게 중요한 것이 아니기 때문에, 이 책에서는 두 가지 용어를 구별하지 않고 사용할 것이다.

손잡이가 두 개 달린 꽃병에는 C_2 이외에도 또 다른 대칭요소가 있다. 손잡이를 포함하고 있는 면과 평행인 면 S에 대해 꽃병을 반사시키면 꽃병과 반사면 사이의 거리의 두 배만큼 꽃병이 이동한다는 점 이외에는 처음의 꽃병과 아무런 차이도 없는 거울상이 만들어진다. 손잡이를 포함하는 평면과 수직된 면과 평행인 면 S′에 대해 반사시키는 경우에도 처음의 꽃병과 전혀 차이가 없는 거울상이 생긴다. 특히 반사면에 의해 만들어지는 거울상은 회전시킬 필요도 없이 그대로 옮겨오기만 하면 처음의 꽃병과 전혀 구별할 수 없는 상태가 된다. 이처럼 거울과 같은 반사면을 사용하는 사고실험(思考實驗, Ge-danken experiment)에서는 꽃병을 반사면의 다른 쪽으로 옮겨갈 수 있다.

만약 반사면 S와 S′이 꽃병의 중심을 지나는 경우에는 더

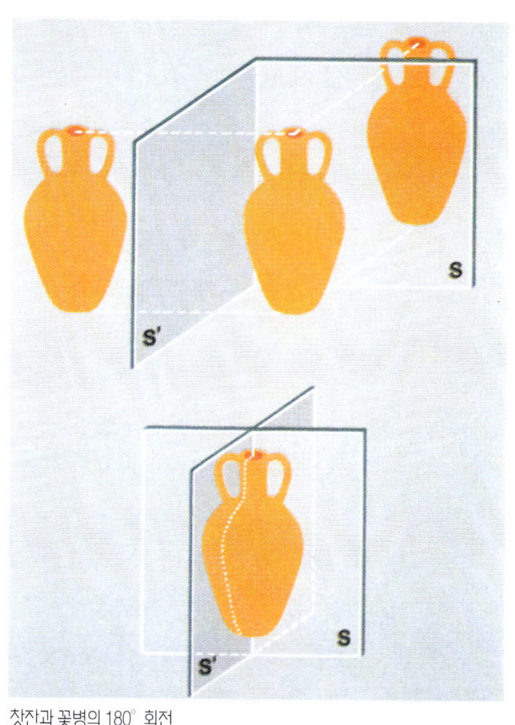

찻잔과 꽃병의 180° 회전

욱 독특한 일이 일어난다. 즉 꽃병의 중심을 지나는 반사면을 통해 꽃병을 반사시키면 회전 대칭요소의 경우와 마찬가지로 꽃병은 움직이지 않고 원래의 상태로 되돌아가게 된다. 이 경우에 꽃병은 중심을 지나는 두 개의 반사면에 대한「반사 대칭성」이 있다고 말하고, 그런 반사(反射, reflection) 대칭조작을 σ와 σ'라고 표시한다.

회전과 반사와 같은 대칭조작 이외에도 I로 표기되는,「동등조작(同等操作, identity operation)」이라고 불리는 또 다른 대칭조작이 있다. 동등조작은 대상에 아무런 조작도 하지 않고 그대로 남겨두는 조작으로, 너무 단순한 것이기 때문에 그 중요성을 납득하기가 쉽지 않을 것이다. 그렇지만 동등조작이 있어야만 주어진 대상이 지니고 있는 여러 개의 대칭조작을 임의의 순서로 연속해서 적용하는 것도 역시 대칭조작이 될 것을

보장할 수 있다는 기술적인 이유 때문에 중요하다. 예를 들어, 꽃병이 가지고 있는 C_2 대칭조작을 두 번 반복하면 꽃병은 원래의 상태로 되돌아오고, 그 결과는 꽃병에 아무런 조작도 하지 않는 동등조작의 결과와 일치한다. 어떤 대칭조작 M에 이어서 적용한 결과가 동등조작 I와 동일해지는 대칭조작을 M의 「역대칭조작(逆對稱操作, reciprocal symmetry operation)」이라고 부르고 M^{-1}이라고 표시한다. C_2조작을 두 번 반복하면 동등 조작이 되기 때문에 C_2 조작은 자신의 역대칭 조작이 된다〔즉 $(C_2)^2=I$이기 때문에 $C_2=(C_2)^{-1}$〕.

　지금까지의 결과를 종합하면, 두 개의 손잡이가 달린 꽃병에는 I, C_2, σ, σ' 등 네 개의 대칭요소가 있으며, 손잡이가 하나밖에 없는 찻잔에는 I와 σ 두 개의 대칭요소가 있다. 주어진 대상이 갖고 있는 대칭조작의 개수로부터 대칭성의 정도를 정확하게 나타낼 수 있다. 즉 네 개의 대칭요소를 가지고 있는 꽃병이 두 개의 대칭요소밖에 없는 찻잔보다 대칭성이 높다는 것은 직감적으로 느낄 수 있는 대칭성의 정도와 일치한다. 따라서 일반적으로 대칭요소의 수가 많은 대상이 대칭성이 높다고 할 수 있다.

　이와 같이 주어진 대상이 가지고 있는 대칭요소는 대칭성의 정도를 정량적으로 평가하는 데 유용할 뿐만 아니라, 서로 다른 대상의 대칭 형태를 분류하는 데에도 활용할 수 있다. 즉 같은 대칭요소를 가진 대상들은 모두 같은 「대칭군(symmetry group)」에 속한다고 한다. 예를 들어, 다음 그림의 찻잔, 칼, 개, 에탄올 분자는 모두 동등조작 I와 반사조작 σ 만을 가지고 있다는 점에서 같은 대칭군에 포함된다. 한편 꽃병, 단검, 사탕, 물 분자는 모두 I, C_2, σ, σ'의 대칭조작을 공통적으로 가

대칭성에 따른 분류

지고 있으므로 또 다른 대칭군에 속한다. 두 개의 대칭조작을 가진 첫번째 그룹은 네 개의 대칭조작을 가진 두번째 그룹보다 대칭성이 낮다.

이미 설명한 I, C_2, σ 이외에도 몇 개의 대칭조작이 더 있지만 여기에서는 앞으로의 설명에 꼭 필요한 것만을 소개하기로 한다. 뒤쪽 그림에서처럼 바닥이 정삼각형인 삼각뿔(trigonal pyramid)을 왼쪽이나 오른쪽으로 120° 돌리면 원래의 모습과 같아진다. 120° 회전은 한 바퀴 회전의 1/3에 해당하기 때문에 이런 대칭조작을 C_3라고 표시하고 「3중 회전축」이라고 부른다. 1/3 바퀴만 돌려도 원래의 모양으로 되돌아가는 C_3는 1/2 바퀴를 돌려야 하는 C_2보다 대칭성이 높다고 할 수 있다. 시계방향으로 120° 돌리는 것을 C_3라고 하는데, 삼각뿔에서 C_3 조작을 두 번 반복하면 시계방향으로 240° 돌아가므로 결국 시계 반대방향으로 120° 돌린 것과 일치한다. 또한 두 번 반복하면 동등조작이 되는 C_2의 경우와는 달리, C_3의 경우에는 세 번 반복해

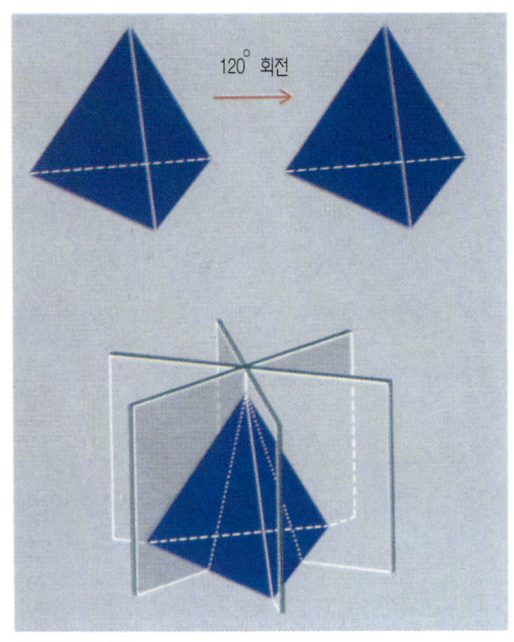
삼각뿔의 대칭 조작

서 적용해야만 동등조작이 된다. 즉 $(C_3)^3=I$이며 $(C_3)^2=(C_3)^{-1}$이다. 세 번을 반복하면 동등조작이 되기 때문에 C_3는 3중 대칭조작이라고 한다.

삼각뿔과는 달리 바닥이 사각형인 이집트의 피라미드도 비슷한 대칭조작을 가지고 있다. 피라미드를 $360°/4(=90°)$만큼 돌리면 원래의 모습이 되기 때문에 피라미드는 「4중 회전축」인 C_4 대칭조작을 갖는다. 이 경우에는 $(C_4)^2=C_2$, $(C_4)^3=(C_4)^{-1}$, $(C_4)^4=I$가 된다. 이런 식으로 계속하면 다리가 다섯 개인 불가사리는 C_5 대칭조작을 갖고, 육각형 모양의 눈〔雪〕결정에서는 C_6 대칭조작을 찾을 수 있다. 그리고 C_6가 C_5보다, C_5가 C_4보다, 그리고 C_4가 C_3보다 대칭성이 높다는 사실을 명확히 알 수 있다.

다시 삼각뿔로 되돌아가서 살펴보면 회전 대칭조작 이외에도 반사 대칭조작도 가지고 있음을 알 수 있다. 위의 그림에 표시한 세 개의 반사면 중 하나에 대해서 삼각뿔을 반사시키면 원래의 모습과 구별할 수 없게 된다. 따라서 삼각뿔에는 앞에서 설명한 I, C_3, $(C_3)^2$ 이외에도 σ, σ', σ''으로 표시되는 반사조작을 포함해서 모두 여섯 개의 대칭조작이 있다. 지금까지 설명한 대칭조작을 나타내는 기호와 대칭조작의 「중첩도(重疊度, order)」를 정리하면 다음 표와 같다. 주어진 대상이 여러 개의 대칭조작을 가지고 있는 경우에는 동등조작 I를 포함한

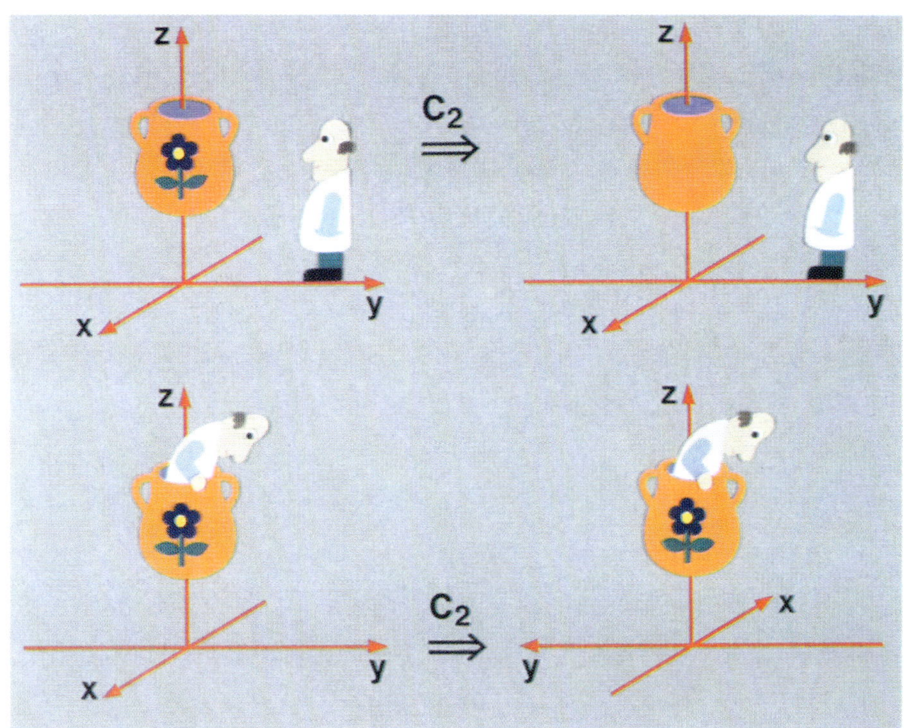

꽃병의 180° 회전(위)과 좌표계의 변환(아래)은 관찰자의 위치가 다를 뿐이다.

모든 대칭조작의 중첩도를 합해서 대칭성의 총중첩도라고 한다.

대칭조작	기 호	중첩도
$180°\,(=360°/2)$회전	C_2	2
$120°\,(=360°/3)$회전	C_3	3
$90°\,(=360°/4)$회전	C_4	4
$72°\,(=360°/5)$회전	C_5	5
$60°\,(=360°/6)$회전	C_6	6
반사	σ	2
동등조작	I	1

이제부터는 이처럼 기본적인 대칭조작 개념의 활용방법에 관해 살펴보기로 한다. 특히 이러한 대칭조작이 「분자」, 더 정

확하게는「분자 모형」에 어떻게 적용되는가를 알아보기로 한다. 분자 모형이란 공간에 배열된 원자들이 서로 연결된 모습을 형상화한 것이다.

꽃병과 같은 대상을 180° 회전시키는 것은 두 가지로 이해할 수 있다. 즉 앞의 그림에서 보았던 것처럼 대상 자체를 회전시킬 수도 있지만, 대상을 설명하기 위해 사용하는 좌표계를 회전시키더라도 정확하게 같은 결과를 얻게 된다. 3차원 공간에서 반사 대칭조작은 세 개의 좌표축 중 한 개의 좌표축 방향을 거꾸로 바꾸는 것에 해당하고, 180° 회전은 두 개의 좌표축 방향을 거꾸로 바꾸는 것에 해당한다. 그리고 좌표축 세 개의 방향을 모두 바꾸는 것은「반전(反轉, inversion)」이라는 대칭조작이 된다.

6. 분자와 대칭성

독특한 기호로 물질을 나타내던 연금술(alchemy) 시대를 뛰어넘어 원자와 분자라는 표현을 사용하기 시작하던 때의 대칭성이 화학에서 어떤 역할을 하게 되었는가를 알아보자. 지금 우리가 사용하고 있는 현대적 의미의 원자 개념이 도입된 것은 돌턴(1766~1844)이 그의 대표작인 《화학철학의 새로운 체계》를 발간했던 1808년부터라고 할 수 있다. 돌턴은 옆 그림과 같은 기호를 사용해 물질을 표시했다.

돌턴은 수소 원자를 기준으로 질량을 나타낼 수 있는 「단순 원자(simple atom)」를 원으로 둘러쌓인 기호로 나타냈다. 그는 또한 「단순 원자」들이 서

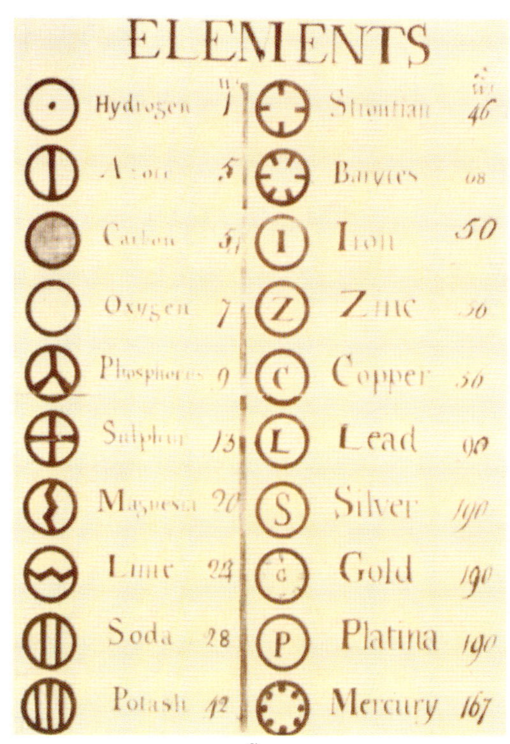

돌턴이 사용했던 원소의 기호와 질량[6]

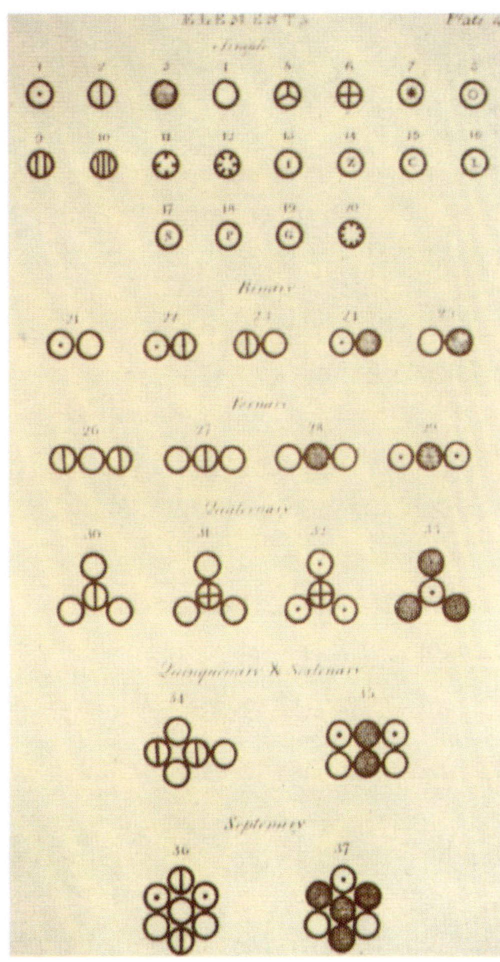

돌턴이 사용한 「복합 원자」[6]

로 모여 결합하면, 우리가 오늘날 「분자」라고 부르는 「복합 원자(compound atom)」가 된다고 생각했다. 물(21), 암모니아(22), 산화질소(26), 황산(31), 알코올(35), 설탕(37)과 같은 돌턴 분자들은 그림과 같은 기호로 나타냈다. 물론 이러한 돌턴의 분자식이 현재 우리가 사용하고 있는 것과 정확히 일치하지는 않는다. 이와 같은 불일치는 우선 그의 상대적인 원자량이 잘못된 경우가 많았지만, 당시에는 물질을 정확히 분석할 수 있는 기술이 없었기 때문에 어쩔 수 없었다고 할 수 있다.

그럼에도 불구하고 돌턴이 사용했던 기초적인 가정 중에서 두 가지가 대칭에 관심을 가진 우리의 관심을 끈다. 돌턴은 「단순 원자」가 공 모양의 입자라고 생각했고, 단순 원자들로 만들어지는 「복합 원자」의 구조는 대칭성이 가장 높은 형태가 된다고 가정했다. 돌턴은 모든 분자는 평면이라고 생각했지만, 실제 분자는 평면 구조가 아닐 수도 있다는 점은 주목할 필요가 있다. 사실 돌턴은 오늘날 사용하고 있는 공과 막대기를 이용한 분자 모형을 처음으로 고안했던 사람 중 하나였다.

돌턴의 저서가 출판되었던 해에 영국의 윌리엄 하이드 울러스톤(William Hyde Wollaston, 1766~1828)은 왕립학회(Royal Society)에서의 강연에서 분자를 구성하는 원자의 상대적인 위치를 기하학적으로 나타낼 때 3차원의 입체 구조를 고려해야만 한다는 점을 지적했다.[11] 그는 또한 확실한 증거를 제시하지는 못했지만 자연은 대칭성이 높은 분자 구조를 더 필요로 할 것이라고 주장하기도 했다. 예를 들어, 두 종류의 원자가 2 : 1의 비로 결합하여 분자를 형성할 때에는 같은 종류의 원자 두 개가 중심 원자의 양쪽을 차지하는 것이 자연스럽다고 주장했다. 그러므로 울러스톤의 이론에 의하면 두 종류의 원자가 4 : 1의 비로 결합할 때에는 정사면체의 중심에 하나의 원자가 위치하고 네 꼭지점에 같은 종류의 원자가 위치하는 것이 안정한 분자 구조가 된다. 울러스톤은 강연을 마치면서 그가 제안했던 분자의 기하학적인 구조가 순전히 가상적인 것임을 강조했다. 따라서 그도 자신의 과감한 제안에 대해 확신을 가지고 있지는 않았던 것으로 보인다. 그렇지만 분자에서 원자의 정확한 배열을 알아내기란 쉬운 일이 아니라는 점을 지적한 것으로 보면, 마음 속으로는 돌턴과 마찬가지로 자신의 주장에 어느 정도의 확신은 가지고 있었을 듯싶다.

위의 설명에서 「원자」와 「분자」에 꺾쇠 기호를 붙인 것은 당시의 개념이 상당히 애매했다는 점을 강조하기 위해서였다. 돌턴이나 울러스톤 시대의 화학자들이 사용했던 기호는 그 후 스웨덴의 화학자 죈스 야콥 베르셀리우스(Jöns Jakob Berzelius, 1779~1848)가 처음으로 제안했는데, 이는 우리에게 익숙한 원소 기호(H=수소, C=탄소, N=질소, O=산소)와 근본적으로는 같은 종류지만 원자에 대한 확실한 개념을 가지고 있지는 않았다. 분자 구조를 나타내기 위해 공 모양의 모형이나 문자

기호를 이용했던 것은 단순히 원자들의 「동등성」을 편리하게 나타내기 위한 것이었다. 실제로 분자에서 원자의 공간적인 배열을 제대로 표현할 수 있을 것으로 생각하지는 않았다. 여기에서 원자의 「동등성」이란 어떤 물질을 만드려면 원자들을 일정한 비율로 결합시켜야 한다는 뜻이다. 이런 애매함은 20세기 초까지도 계속되었지만 여기에서 이 문제를 더 이상 설명할 필요는 없다. 실제 화학의 역사와 다르기는 하지만 돌턴과 울러스톤의 제안이 유용한 것이었다는 점에 대해서는 심각한 반론이 없다고 생각해도 될 것이다.

분자의 구조를 설명하기 위해서는 몇 가지 초보적인 개념이 필요하다. 먼저

$$C_3O_3H_6$$

와 같은 「실험식(sum-formula)」은 각 종류의 원소들이 몇 개씩 결합해서 분자를 형성하는가를 나타내준다. 이 경우에는 탄소(C) 원자 세 개와 산소(O) 원자 세 개, 그리고 수소(H) 원자 여섯 개가 결합되어 하나의 분자가 만들어지는 것을 나타낸다. 처음에는 이런 실험식만으로 주어진 물질을 완전히 나타낼 수 있다고 믿었었다. 따라서 1823년 당시 20세였던 유스투스 폰 리비히(Justus Von Liebig, 1803~1873)가 발견한 폭발성이 매우 큰 물질인 뇌산은($AgCNO$)과 같은 시기에 프리드리히 뵐러(Friedrich Wöhler, 1800~1882)가 분석했던 인체에 무해한 시안산은($AgNCO$)이 같은 실험식으로 표현되는 것으로 확인되었다는 소식은 당시의 화학자들에게는 놀라운 것이었다. 당시에 《프랑스 화학 및 물리 연보(*Annales de Chimie et de Physique*)》의 편집인이었던 조제프 게이 게이뤼삭(Joseph

Louis Gay-Lussac, 1778~1850)은, 같은 실험식으로 나타내는 경우에도 원자가 다른 순서로 결합되면 전혀 다른 성질을 가진 다른 물질이 된다는 혁명적인 발견의 의미를 뵐러의 논문에 붙여서 발표했다. 그는 설명에서 『그런 예로 시안산은은 「AgCNO」이고, 뇌산은은 「$Ag_2C_2N_2O_2$」일 수도 있다』라고 제안했다. 요즈음 사용되고 있는 《화학-물리 편람(*Handbook of Chemistry and Physics*)》의 무기화합물편에서도 뇌산은을 $Ag_2C_2N_2O_2$으로 적고 있는 것을 보면 게이뤼삭에서부터 시작된 잘못이 아직도 계속 이어지고 있음을 알 수 있다. 현대 화학 역사의 전부라고 볼 수 있는 지난 150년 동안 이렇게 잘못된 이야기가 책으로 이어져 내려온 예는 찾아보기 어려울 것이다.

두 가지 이상의 물질을 같은 실험식으로 나타내는 경우를 베르셀리우스는 「이성질체(異性質體, isomer)」라고 불렀다. 이성질체가 존재하는 이유는, 원자가 직접 만들 수 있는 「결합(bond)」의 수가 한정되어 있기 때문이라는 사실이 확인된 것은 훨씬 후의 일이었다. 예를 들어, 탄소는 네 개의 다른 원자와 결합할 수 있고, 산소는 두 개, 그리고 수소는 한 개의 결합을 형성할 수 있을 뿐이다. 다른 원자와 결합을 형성할 수 있는 수를 「원자가(原子價, valence)」라고 한다. 탄소의 원자가가 4라는 것은 1858년경[12]에 스코틀랜드의 화학자 아키발드 스콧 쿠퍼(Archibald Scott Couper, 1831~1892)와 벤젠의 구조를 발견한 독일의 프리드리히 아우구스트 케쿨레(Friedrich August Kekulé, 1829~1896)가 거의 동시에 주장했다. 원자가의 개념을 이용하면 각 원자가 가지고 있는 한정된 수의 연결고리에 다른 원자들이 연결되어 결합을 만들게 되어 분자가 형성된다고 설명할 수 있다. 이런 설명은 처음에 프랑스에서 사용되기 시작했고, 오늘날에도 프랑스어에서 「갈고리가 달린 원자 (atomes crochus)」라는 말이 상당히 다른 의미로 사용되고 있다. 사실 분자의 형성 과정은 더 복잡하지만 여기에서는 더 이상의 구체적인 설명은 불필요하다. 주어진 원자들을 각 원자의 원자가를 고려해 서로 연결하면 분자가 되고, 결합의 순서가 달라지면 다른 분자가 만들어진다. $C_3O_3H_6$라는 실험식으로 주어지는 원자들을 서로 연결하면 많은 종류의 이성질체가 만들어진다. 다음 그림에서는 이들 중 대표적인 것으로 탄산 디메틸(dimethyl carbonate, **1**), 글리세르알데히드(glyceraldehyde, **2**)와 젖산(lactic acid, **3**)이라고 불리는 이성질체를 나타냈다.

여기에서 두 개의 원자 사이에는 「단일결합(single bond)」이외에도 「다중(이중)결합(multiple bond)」도 만들어질 수 있다는 것을 볼 수 있다. 두 원자가 두 개의 연결고리로 연결되면 이중결합이 만들어진다. 분자에서 원자들의 결합방식을 나타내는 이런 형태의 표현식을 「구조식(structural formula)」이라고 부른다.

1874년 네덜란드의 야코부스 헨리쿠스 반트 호프(Jacobus Henricus van't Hoff, 1852～1911)는 소논문을 발표했다.[13] 이

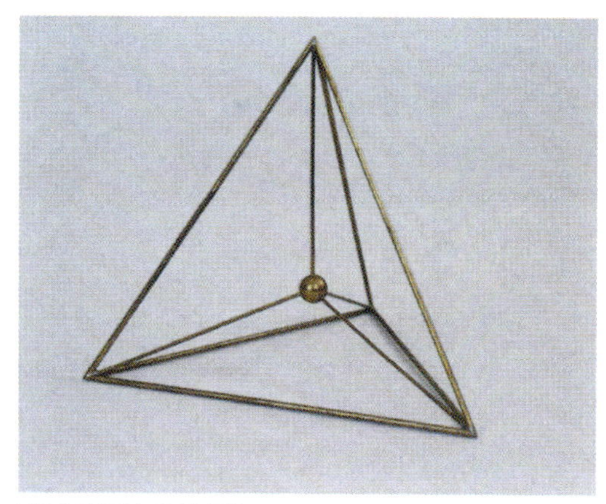

논문의 내용은 그 후《공간의 화
학(*La chimie dans l'espace*)》이
라는 제목의 유명한 책으로 다
시 발간되었다. 반트 호프는 이
책에서 원자가가 4인 탄소 원자
에 대해 울러스톤 이후의 많은
화학자들이 마음 속으로 생각

반트 호프의 탄소 사면체 모형

해왔던 「대칭성이 가장 높은 분자 구조」를 과감하고 명백하게
다시 주장했다. 그는 탄소 원자가 가지고 있는 네 개의 원자가
(고리)는 탄소 원자를 둘러싸고 있는 정사면체(tetrahedron)의
네 개 꼭지점을 향하고 있다고 주장했다.

　반트 호프의 주장에 의하면 가장 간단한 탄화수소 분자인 메
탄(methane, CH_4)은 아래 그림의 3차원 구조식으로 나타낸 것
과 같이 매우 대칭적인 입체구조를 가질 것으로 예측된다. 반
트 호프와 울러스톤의 생각 사이에는 별다른 차이점이 보이지
않는다. 반트 호프는 이런 모형을 이용해 화학의 발전에 막대
한 영향을 미친 중요한 결론을 얻을 수 있었다.

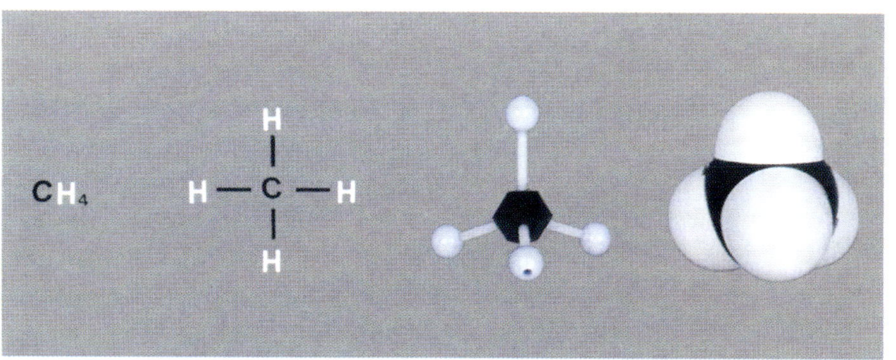

메탄 분자를 나타내는 여러 가지 방법 : 실험식, 연결식(connectivity diagram), 공-막대기 모형(ball-and-stick-model), 공간채움 모형(space-filling model)

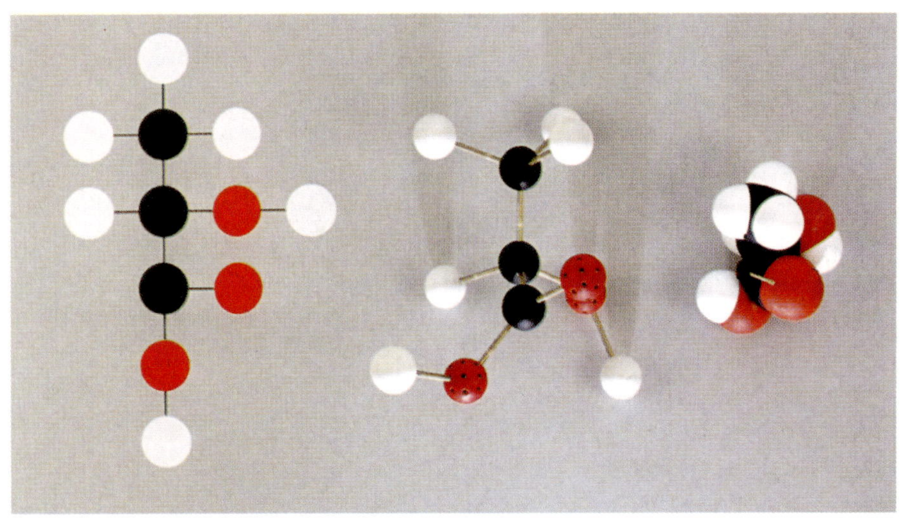

젖산 3의 연결식, 공-막대기 모형, 공간채움 모형

물론 분자는 작은 공과 막대기로 만들어지는 것은 아니다. 분자는 몇 개의 원자핵과 전자로 구성되어 있고, 전자는 원자핵 주변은 물론 원자핵 사이의 공간에도 퍼져 있다. 원자핵들은 이렇게 분자 전체에 퍼져 있는 전자 구름에 의해 붙잡혀 있다. 오늘날의 화학자들은 이런 사실을 대략적으로 나타내기 위해 「공간채움 모형(space-filling model)」을 사용하고 있다. 메탄 분자의 구조를 나타내는 데 사용되는 여러 가지 모형들을 앞의 그림에 나타냈다. 앞에서 이미 설명했던 젖산 분자 **3**의 경우에 평면 구조식으로부터 반트 호프의 공간구조, 그리고 채워진 모형으로 발전한 과정을 위 그림에서 볼 수 있다.

지금까지 알려져 있는 약 1,000만 개의 유기화합물 중 화학자들이 가장 대표적인 분자로 생각하는 분자는 아마도 벤젠(benzene)일 것이다. 사실 벤젠은 그 자체로도 매우 중요한 분자지만, 화학 발전의 역사에서도 큰 역할을 해왔다. 특히 벤젠은 화학에서 대칭논리가 얼마나 유용한가를 확실하게 보여주는 분자다. 19세기 중반에는 벤젠의 구조에 대한 다음과 같은 문제가 심각한 논란 거리였다. 벤젠은 여섯 개의 탄소 원자와

여섯 개의 수소 원자로 이루어져 있으므로, 실험식이 C_6H_6이
된다는 사실은 당시에도 이미 알려져 있었다. 그리고 염소(Cl)
와 같이 연결고리가 하나밖에 없는 1가의 원자를 벤젠에 결합
된 수소 대신 바꾸어 붙이는 경우에 얻을 수 있는 이성질체의
수는 다음과 같이 극도로 제한되어 있다는 사실도 이미 알려져
있었다.

실험식	이성질체 수
C_6H_6	1
C_6H_5Cl	1
$C_6H_4Cl_2$	3
$C_6H_3Cl_3$	3
$C_6H_2Cl_4$	3
C_6HCl_5	1
C_6Cl_6	1

이 사실을 화학자의 관점에서 나타내면 다음 그림과 같이 나
타낼 수 있다. 즉 벤젠(C_6H_6)을 염소와 반응시켜 한 개의 수소
(H)를 염소(Cl)로 바꾸면 염화벤젠(C_6H_5Cl)이라는 한 가지 종
류의 화합물이 얻어진다. 화학자들은 분자에 결합되어 있는 원
자를 다른 종류의 원자로 바꾸어 결합시키는 이런 반응을 「치
환반응(substitution reaction)」이라고 부른다. 염화벤젠을 다시
염소와 반응시켜 두번째 수소를 염소로 치환시키면 $C_6H_4Cl_2$의
실험식을 가진 분자가 얻어진다. 그러나 이런 실험식을 가진
분자가 한 종류만 만들어지는 것이 아니라, 화학적 · 물리적 성
질이 전혀 다른 세 가지 종류의 물질이 혼합되어 만들어진다.
즉 $C_6H_4Cl_2$의 경우에는 세 개의 서로 다른 구조식으로 나타낼
수 있는 세 개의 이성질체가 존재한다. 세 개의 $C_6H_4Cl_2$ 이성질

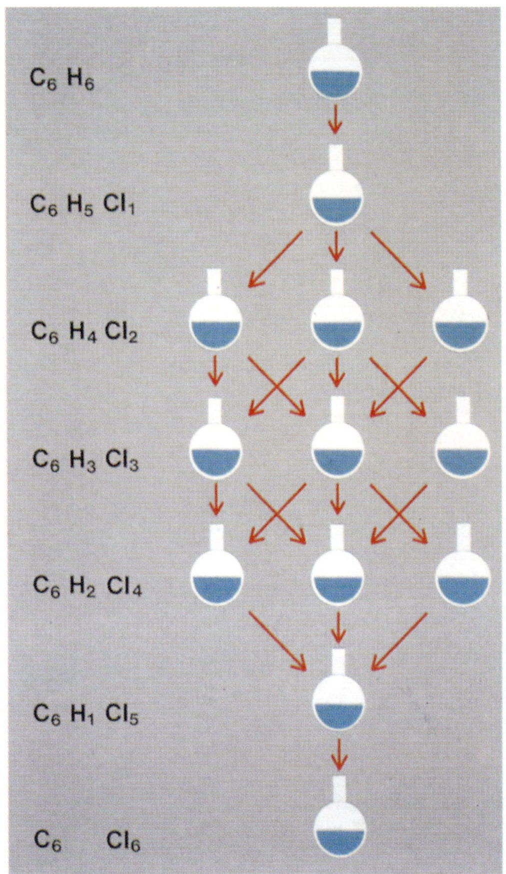

염소가 치환된 벤젠 $C_6H_{6-n}Cl_n$ (n=0~6)들 사이의 관계

체에서 또 하나의 수소를 염소로 치환시키면 새로운 세 개의 $C_6H_3Cl_3$ 이성질체가 얻어진다. 그러나 더욱 혼란스러운 것은 $C_6H_4Cl_2$의 이성질체 중 어느 하나만을 선택해 치환반응을 일으키면 $C_6H_3Cl_3$의 이성질체 세 가지 종류가 모두 얻어지지는 않는다는 사실이다. 즉 $C_6H_4Cl_2$의 이성질체 세 가지 중 하나를 분리해 염소와 치환반응을 시키면 한 가지 생성물만 얻어진다. 그러나 두번째 이성질체에서는 두 가지 생성물이 얻어지고, 세번째 이성질체에서는 세 가지 생성물이 모두 얻어진다.

다음 그림에서는 염소가 하나씩 치환되면서 얻어지는 이성질체들 사이의 이런 복잡한 관계를 나타냈다. 각각의 이성질체를 점으로 나타내고, 반응을 나타내는 화살표를 직선으로 표시해서 이런 관계를 다시 나타내면 수학자들이 그래프라고 부르는 추상적인 그림이 된다.

　여기에서 우리는 한 가지 종류의 분자가 아니라, 분자들 사이의 상호 관련을 기호화해서 나타내는 그래프에도 고유한 대칭성이 숨어 있다는 새롭고도 놀라운 사실을 발견할 수 있다. 이런 「그래프(graph)」는 반응 패턴의 대칭성을 명백히 이해하는 데 큰 도움이 된다. 벤젠의 염소 치환반응을 나타내는 그래

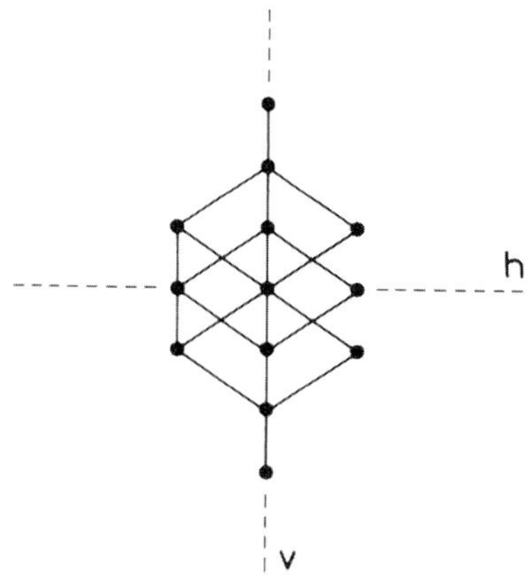

프는 수평선(h)에 대해서는 대칭이지만 수직선(v)에 대해서는 대칭이 아님을 알 수 있다.

케쿨레는, 논리적 생각이 아니라 화학적 미신이라고 할 수 있는 방법을 통해 벤젠에 대한 놀라운 결과를 발견하게 되었다는 이야기는 잘 알려져 있다.[14] 1858년 케쿨레가 발표한 탄소의 원자가에 대한 유명한 논문의 내용은 런던의 클래팜가로 향하던 2층 버스의 위층에서 떠오른 영감으로부터 비롯된 것이라고 알려져 왔다. 그러나 케쿨레의 회고에 의하면 1861년 벨기에의 겐트에 있던 독신자 숙소의 벽난로 앞에서 낮잠을 자다가 꿈 속에서 벤젠 분자의 고리형 구조를 보았다고 한다. 여러 가지 사정으로 미루어 보건대, 케쿨레가 벤젠의 구조를 깨달았던 것은 그가 결혼했던 1862년 이전이었음이 확실하다. 그가 벤젠의 구조에 대한 논문을 발표한 것은 1865년이었고, 꿈 속에서 벤젠의 모양을 보았다는 이야기를 한 것은 1890년이었다. 물론 오래 전에 꾸었던 꿈에 대한 기억은 정확한 것이 아닐 수도 있다. 케쿨레는 학생이나 동료와 함께 그의 생각과 새로 얻은 결과에 대해 논쟁을 벌이는 것을 즐길 정도로 외향적이었으며,

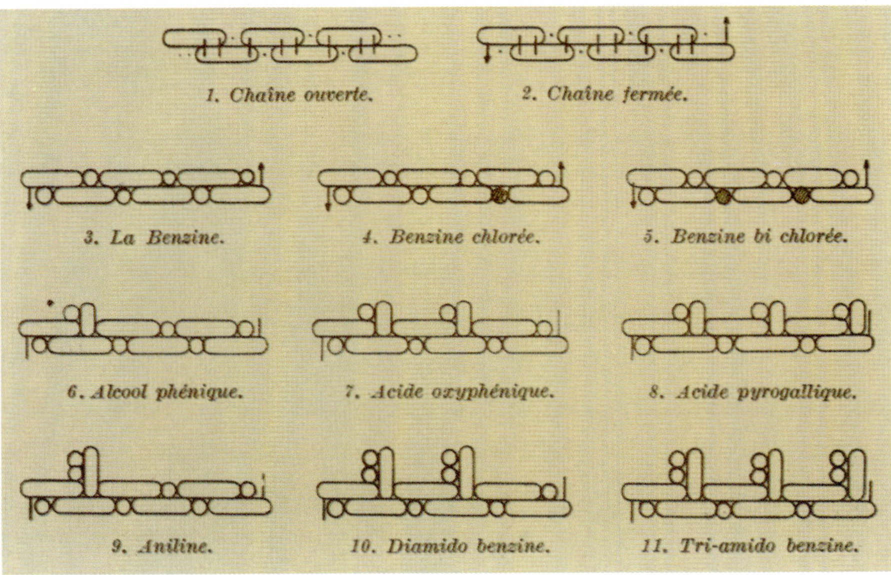

1865년 케쿨레가 발표한 벤젠과 그 유도체에 대한 소시지 구조식[15]

마음 속에 비밀을 감추어두는 성격은 아니었다고 한다. 그런 사람이 아무런 이유도 없이 1861년의 중대한 발견을 4년 이상이나 감추어두었다는 것은 쉽게 믿어지지 않는다. 따라서 원자의 사슬이 둥글게 닫혀져 고리가 만들어질 수 있다는 점에서 시작해 대칭적인 고리 구조를 점진적으로 생각하게 되었다는 것이 더 진실에 가까운 이야기일 것이다. 실제로 케쿨레는 1865년 발표했던 〈방향성 물질의 구조에 대하여(*Sur la constitution des substances aromatiques*)〉라는 논문과 같은 해 1월 27일 프랑스 화학회에서 루이 파스퇴르(Louis Pasteur)가 주관했던 강연에서 화살표를 이용해 사슬이 닫히는 모습을 표시하는 길쭉한 「소시지 구조식(sausage formula)」을 사용했다.

케쿨레가 이런 구조식으로부터 여섯 개의 탄소가 대칭적으로 동등하다는 사실을 어떻게 알아내게 되었는가는 명백하지 않다. 지금은 거의 잊혀져버린 사람이기는 하지만 프랑스의 화학자 폴 아브레즈(Paul Havrez)는 1865년에 처음으로 케쿨레가 사용했던 「소시지 구조식」과 상당히 비슷한 모형을 이용해 벤

젠이 만약 대칭적인 구조를 갖
는다면 탄소들이 대칭적으로
동등할 수도 있다는 점을 설명
했다. 현대 화학의 관점에서 볼
때 그의 설명이 얼마나 정확한

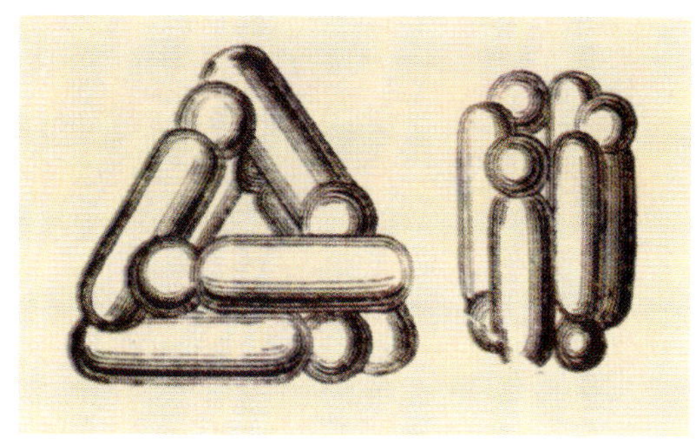

아브레즈가 고안한 벤젠 분자의 대칭적 구조[16]

가는 고려해볼 가치도 없는 것이었다. 그러나 공간에 배열된
원자들이 대칭적으로 동등한 특성을 나타내는 모형을 찾아내
려던 시도는 가치 있는 것이었다.

케쿨레 이후에도 대칭성 높은 분자 구조식을 통해 벤젠에서
의 탄소 원자의 대칭성, 화학적 성질, 그리고 물리적 특성을 설
명할 수 있다는 주장은 1935년까지도 끊임없이 제기되어왔다.

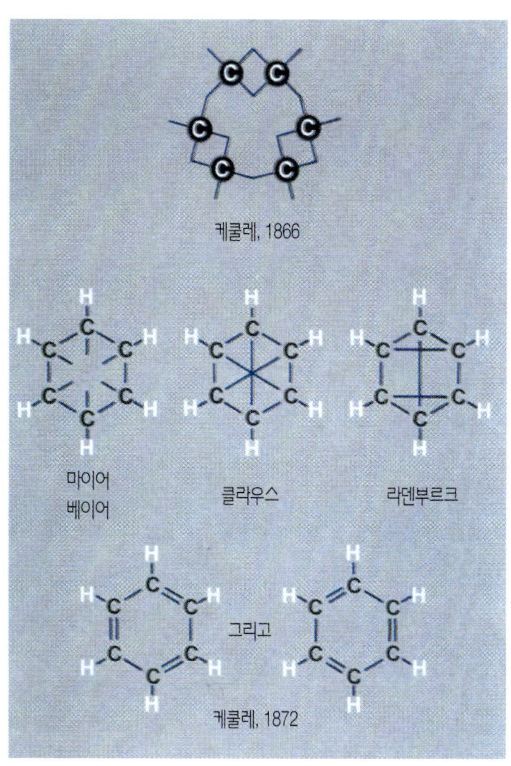

벤젠 구조의 예

그런 구조식 가운데 몇 개를 살
펴보면 옆 그림과 같다.

첫번째 구조식은 1866년 케쿨
레가 제안했던 것으로 탄소 원
자가 4가의 원자가를 가지고 있
고, 여섯 개의 탄소 원자가 고
리 모양으로 배열되어 있다는
사실을 함께 표현하고 있다. 두
원자 사이의 화학결합은 원자
들의 원자가(연결 고리)가 연결
되어 만들어지기 때문에 고리
를 형성하는 탄소들은 단일결
합과 중결합이 번갈아가면서
있어야 한다고 생각했다. 그렇
지만 이 구조식은 C_6 회전 대칭

4   5

(360°/6=60° 회전)보다 대칭성이 낮은 C_3 회전 대칭(360°/3=120° 회전)만 갖게 된다. 만약 이런 구조가 사실이라면 서로 인접한 탄소에 결합된 두 개의 수소 원자를 염소와 같이 다른 종류의 원자로 치환시키면 두 가지 이성질체가 만들어져야만 한다. 즉 **4**와 같은 이성질체에서는 염소가 결합된 두 개의 탄소 원자가 중결합으로 연결되어 있지만, **5**에서는 두 개의 탄소가 단일결합으로 연결되어 있다.

그러나 실제 실험에서는 두 가지 종류의 이성질체를 찾을 수 없었기 때문에, 케쿨레가 처음에 제안했던 것은 정확한 벤젠의 구조라고 할 수 없다. 그 후 이 문제를 해결하기 위해 C_6 회전 대칭을 가질 수 있는 여러 가지 다른 구조식이 제안되었다. 그렇지만 이렇게 제안된 구조식들은 대부분 탄소가 다섯 개의 결합을 하고 있거나 결합 길이가 불합리할 정도로 길어 화학결합에 대한 전통적인 조건을 만족하지 않는 것들이었다. 이 중에서도 라덴부르크(Ladenburg)의 구조식은 매우 독특한 것이었다. 라덴부르크는 『벤젠은 바닥이 정삼각형인 프리즘 모양이다』라고 주장했다. 만약 벤젠이 이런 구조를 가지고 있다면 치환반응에서 얻어지는 이성질체의 수는 실험 결과와 일치하지만, 앞에서 설명한 반응 그래프가 실험과 일치하지 않게 된다.

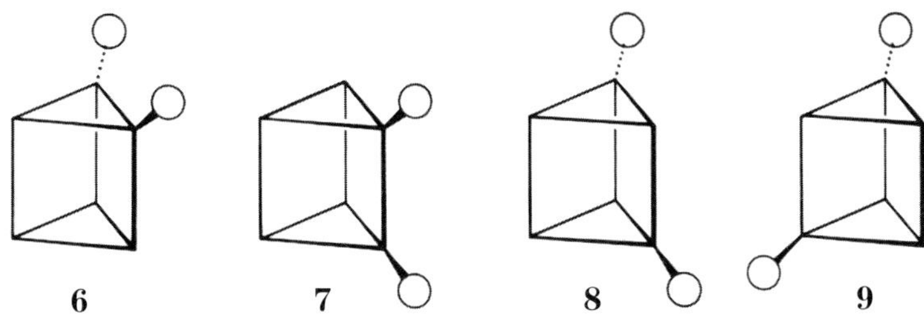

실제로 라덴부르크는 염소 원자가 두 개 치환된 경우에는 위 그림의 **6~9**와 같이 네 가지 종류의 이성질체가 만들어질 것으로 예측했다. 그러나 이 중에서 **8**과 **9**는 서로 거울에 비친 모습을 하고 있기 때문에 대칭적인 면에서 동일한 구조라고 할 수 있다. 라덴부르크는 케쿨레가 제안했던 구조, 즉 **4**와 **5**를 서로 다른 이성질체로 생각했기 때문에 거울상의 관계를 가진 **8**과 **9**도 서로 다른 종류의 분자라고 주장했다(이 밖에도 라덴부르크는 두 개의 1,3-이성질체가 서로 120° 회전시킨 관계라는 사실을 무시하고 1,3-이성질체들도 다른 물질이라고 주장하기도 했다).

1872년 케쿨레는 자신이 1865년에 처음 제안했던 벤젠의 구조가 원칙적으로 옳은 것이었고, 다만 탄소 원자들 사이의 단일결합과 이중결합이 69쪽의 그림과 같이 「그리고」의 부호로 나타낸 것처럼 연속적으로 교환된다는 가정을 도입했다. 이렇게 함으로써 케쿨레는 당시에 알려져 있었던 화학결합에 대한 일반적인 이론과 어긋나지도 않으면서, 실험에서 관찰할 수 없는 이성질체가 만들어지는 문제도 해결할 수 있었다. 흰색으로 나타낸 수소(H)를 녹색으로 나타낸 염소(Cl)로 치환해서 얻을 수 있는 이성질체의 수와 이성질체 사이의 관계를 나타내는 상관 그래프도 실험과 완전히 일치한다는 사실을 쉽게 확인할 수

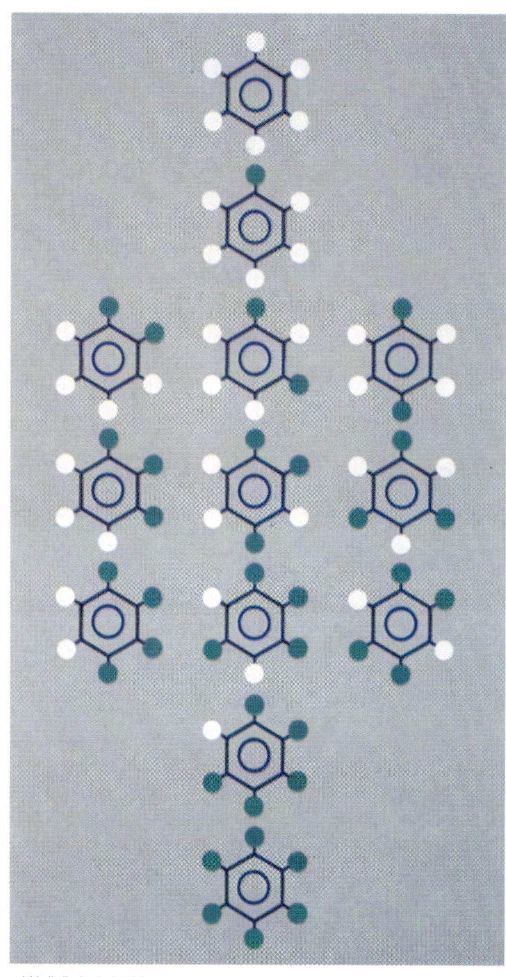

염화벤젠의 이성질체

있다. 여기에서 나타낸 구조식은 특정한 방향을 향하고 있지만, 실제 분자는 공간에서 아무 방향으로나 향할 수 있다는 점을 이해해야 한다. 예를 들어, 염화벤젠(chlorobenzene, CH_5Cl)에서 염소 원자는 여섯 개의 동등한 탄소 원자들 중에서 어느 탄소에 치환되거나 상관 없이 동일한 분자가 된다.

분자 구조의 대칭성을 근거로 했던 케쿨레의 주장이 당시의 사람들에게 완전히 받아들여졌던 것은 아니었다. 1866년 독일 화학회 총회에서 기념으로 배부되었던 〈화학회 공보 특별호(*Berichte der durstigen chemischen Gesellschaft*)〉에 실렸던 재미있는 풍자시가 바로 그런 증거라고 할 수 있다. 케쿨레가 원숭이 그림에서 벤젠의 구조를 착안하게 되었다고 풍자한 글의 작가는 핀딕(F. W. Findig)이라는 가명을 사용했지만 아마도 비트(O. N. Witt)였을 것으로 짐작된다. 그는 케쿨레가 주장한 벤젠의 구조를, 서로의 팔다리를 붙잡아서 고리를 형성하고 있는 여섯 마리의 원숭이에 비유했다. 여기에서 꼬리가 서로 엉켜 있는 두 원숭이는 중결합으로 연결된 탄소 원자를 나타낸다.

핀딕(비트)이 케쿨레의 벤젠 구조를 비유한 원숭이 그림

　당시 실험 수준으로는 벤젠 분자의 대칭성과 관련된 새로운 정보를 얻기란 불가능한 것처럼 보였다. 그런 점에서 케쿨레의 학생이며 동료였던 빌헬름 쾨르너(Wilhelm Körner, 1839～1925)가 〈화학 실험실에서의 방향성 물질 정량분석(定量分析)에 대하여(*Über die Bestimmung des chemischen Ortes bei aromatischen Substanzen*)〉[17]라는 제목으로 발표했던 네 편의 논문은 더욱 가치 있는 것이었다고 할 수 있다. 그는 탄소 원자의 원자가가 4라고 가정하고 실험에서 관찰된 이성질체의 수와 이성질체 사이의 상관 그래프를 분석해서 케쿨레가 제안했던 벤젠의 대칭적인 고리구조를 증명하려고 시도했다. 당시의 화학 수준에서 이런 문제는, 우리가 상상할 수도 없을 정도로 어려운 것이었다. 그러나 쾨르너는 벤젠, 염화벤젠, 그리고 브롬화염화벤젠의 분자 모형을 이용해서 설명할 수 있다고 주장했다. 사진에서 흰색의 작은 공은 수소 원자, 중간 크기의 녹색

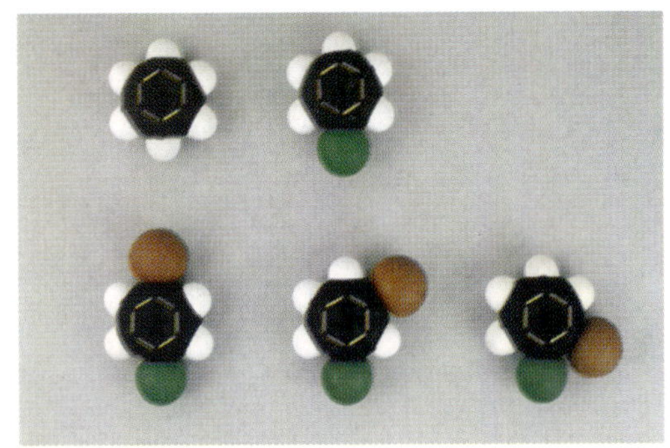

벤젠, 염화벤젠, 브롬화염화벤젠의 모형

공은 염소 원자, 그리고 갈색의 큰 공은 브롬 원자를 나타낸다. 이 모형을 보면 브롬화염화벤젠의 경우에는 세 개의 이성질체가 있다는 것을 알 수 있다.

브롬화염화벤젠에 화학반응을 일으켜서 염소는 브롬으로 치환시키고, 브롬은 염소로 치환시킬 수 있다고 가정해보자. 만약 케쿨레의 주장처럼 벤젠이 육각형의 대칭성을 가지고 있어서 여섯 개의 탄소가 모두 동등하다면, 브롬화염화벤젠의 이성질체 세 개 중 하나를 선택해서 이런 반응을 일으키면 아무런 변화도 관찰할 수 없을 것이다. 또한 세 개 이상의 수소 원자를 다른 원자 또는 원자단으로 치환시킨 벤젠 유도체에서도 같은 결과를 예측할 수 있다. 쾨르너는 이와 같은 일련의 실험을 통해 벤젠에서 여섯 개의 탄소가 대칭적으로 대등하다는 사실을 입증하는 가장 완벽한 증거를 제시할 수 있을 것이라고 주장했다. 이 문제에 도전한 업적으로 쾨르너는 유기화학 분야에서 철학자로 명성을 날리게 되었다. 그러나 쾨르너의 제안을 최종적으로 확인한 실험은 100여 년이나 지난 1980년에 예일 대학교의 화학자 마이클 맥브라이드(J. Michael McBride)에 의해 이루어졌다는 사실로부터 화학에서의 대칭성 문제가 얼마나 미묘한 것인가를 짐작할 수 있다.[18]

과학자들도 역시 유행을 쫓는 성향이 있어, 케쿨레가 벤젠의 고리형 구조를 제안한 이후부터 대칭성이 높은 고리 모양의 구조식이 계속 밝혀지게 되었다. 이런 유행에 너무 집착해 엉뚱한 경우에도 대칭형 고리구조를 고집했던 예도 없지 않았다. 아마도 프랑스의 화학자 마크 고댕(Marc Antoine Autustus

Gaudin, 1804~1880)의 경우가 가
장 대표적인 예일 것이다. 인조
루비와 사파이어를 가장 먼저 합
성했으며, 가장 똑똑한 과학자라
는 평가를 받던 그는, 스테아르산
의 칼슘염이 그림과 같이 케쿨레
의 육각형을 이어붙인 평면 구조
를 가질 것이라고 주장했었다. 그

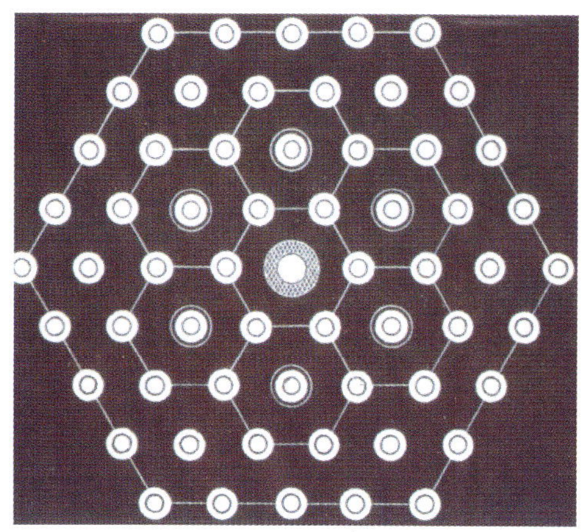

고댕이 제안한 스테아르산의 칼슘염 구조 [19]

러나 실제 스테아르산〔stearic acid, CH_3— $(CH_2)_{14}$— $COOH$〕은
긴 사슬 모양의 분자다.

자연이 가능한 한 대칭성이 높은 모양을 선호할 것이라는 생
각은 플라톤에서부터 울러스톤까지 계속 이어져 왔고, 벤젠의
구조가 밝혀짐에 따라 더욱 확고한 것으로 굳어지게 되었다.
이런 믿음에 너무 집착한 나머지 명백한 오류를 저지르게 된
경우는 예외로 하더라도, 대칭성에 근거를 둔 원칙에 너무 의
존하는 것이 위험한 경우도 있다. 분명히 대칭성의 원칙이 적
용될 것처럼 보이는 경우에도 대칭성에 대한 지나친 믿음 때문
에 자칫 틀린 결론을 얻을 수도 있다는 뜻이다. 케쿨레가 제안

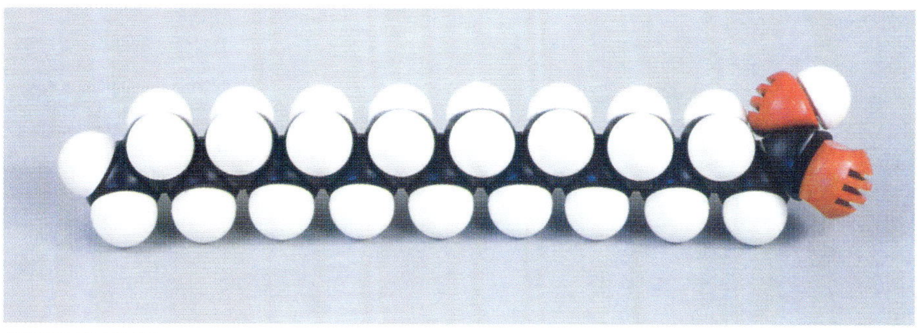

스테아르산의 실제 구조

했던 벤젠의 고리구조가 비슷한 화합물에도 적용될 것이라고
생각하면, 시클로옥타테트라엔(cyclooctatetraene)은 **10**과 같
은 팔각형 모양을 가질 것이라고 잘못 짐작하기 쉽다. 즉 시클
로옥타테트라엔을 구성하는 여덟 개의 탄소 원자는 단일결합
과 이중결합이 번갈아 나타나는 고리 모양이라고 판단하기 쉽
다. 그리고 이 분자도 벤젠과 비슷한 화학적 특성과 대칭성이
높은 구조를 가질 것이라고 생각한다면, 두 개의 「케쿨레형」
구조로써 시클로옥타테트라엔의 특성을 모두 설명할 수 있을
것이다.

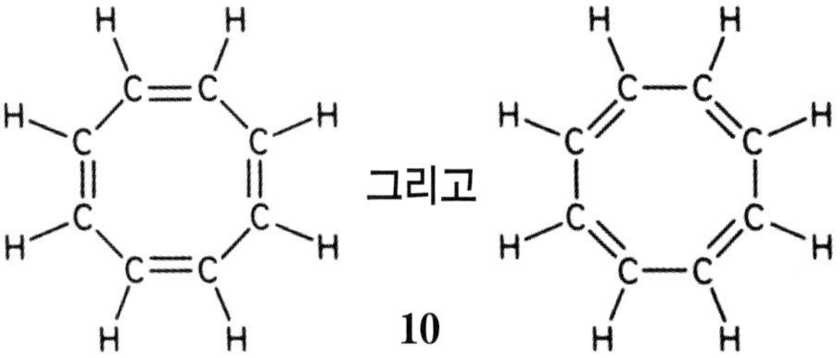

그리고

10

시클로옥타테트라엔이 벤젠과 같은 대칭성을 갖는다면 정팔
각형 모양의 평면 분자일 것이고, 여러 가지 물리적 성질과 화
학적 반응성도 벤젠과 매우 비슷할 것이다. 그러나 1911년에
리하르트 빌슈테터(Richard Willstäter, 1872~1942)가 이 물질
을 처음으로 합성했지만 놀랍게도 시클로옥타테트라엔은 매우
불안정했고 벤젠과 조금도 비슷한 점이 없었다. 더욱이 이 분
자는 뒤쪽 그림의 왼쪽처럼 대칭성이 높은 모양이 아니라, 오
른쪽처럼 대칭성도 낮은 입체구조를 가지고 있다는 사실이 실
험적으로 밝혀지게 되었다.[20] 그 후 1930년대에 이르러서는 독
일의 물리학자이며 「현대 양자화학의 아버지」 가운데 한 사람
인 에리히 휘켈(Erich Hückel, 1896~1980)[21]이 시클로옥타테

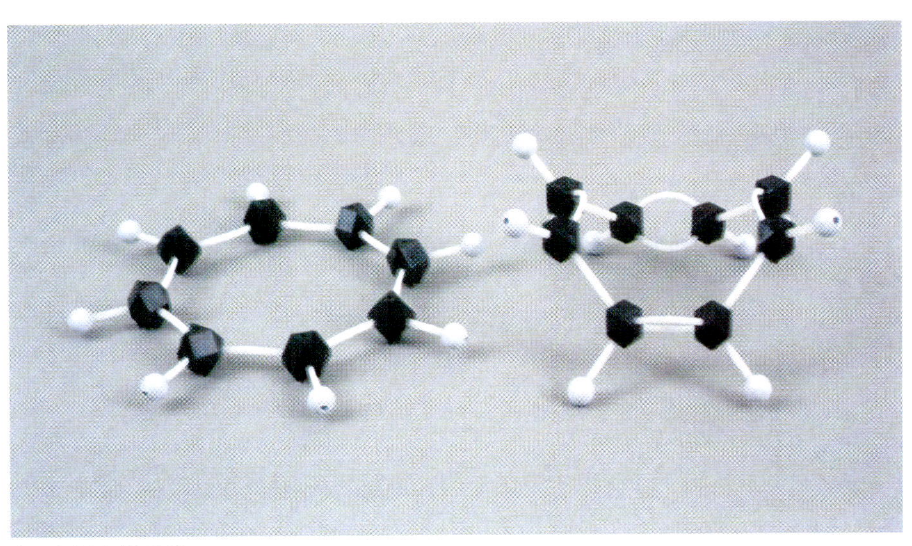

시클로옥타테트라엔의 모형

트라엔이 대칭성이 낮은 구조를 갖게 된 이유를 이론적으로 밝혔다.

대칭성을 지나치게 신뢰함으로써 잘못된 결론을 얻은 예는 고리형 포화 탄화수소(cyclic saturated hydrocarbon)의 구조에서도 찾아볼 수 있다. 벤젠에서 볼 수 있는 이중결합은 전혀 없고 탄소—탄소 결합과 탄소—수소 결합이 모두 단일결합으로 되어 있는 탄화수소에서는 모든 탄소 원자가 최대로 결합할 수 있는 네 개의 다른 원자와 결합하고 있기 때문에 「포화」되어 있다고 한다. 다음 그림에는 고리형 포화 탄화수소인 시클로알칸(cycloalkane) 분자 중 탄소의 수가 3~9개까지인 분자의 구조를 나타냈다.

자연에 존재하는 천연 유기분자 중에도 이런 포화 고리를 가진 탄화수소가 많이 있지만, 탄소의 숫자에 따라 상대적으로 존재하는 양은 큰 차이를 보인다. 예를 들어, 탄소의 수가 다섯 개나 여섯 개인 포화 탄화수소 고리 화합물은 많이 존재하지만, 일곱 개의 탄소를 가진 고리는 그렇게 흔하지 않다. 그리고 세 개, 네 개, 여덟 개, 아홉 개 또는 그 이상의 탄소로 만들어

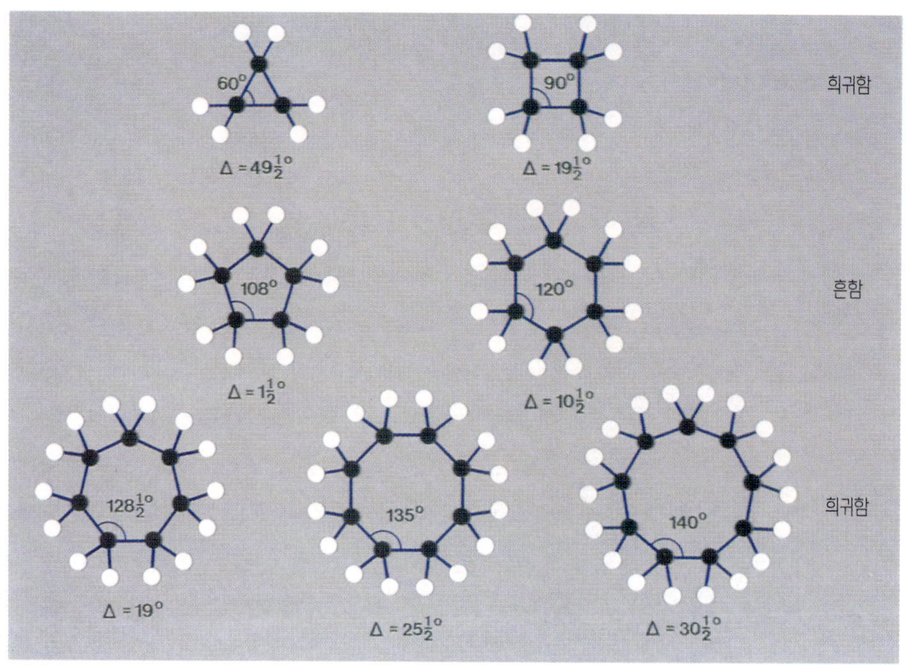

평면형 시클로알칸 모형에서의 결합각

진 포화 탄화수소 고리 화합물은 자연에서 거의 찾아보기 어렵다. 1885년 아돌프 폰 베이어(Adolf von Baeyer, 1835~1917)는 이런 관찰을 간단히 설명할 수 있는 방법을 제시했다. 만약 포화 고리들이 위 그림에서와 같이 대칭성이 높은 평면형 구조를 갖는 경우에는 인접한 두 개의 C—C 결합 사이의 각도를 쉽게 계산할 수 있다. 탄소가 가지고 있는 네 개의 결합이 가장 자연스러운 방향을 향하고 있는 메탄(CH_4)에서는 두 결합 사이의 각도가 $109.5°$이다(이 각도는 정사면체의 중심과 꼭지점을 연결하는 선 사이의 각도에 해당한다). 만약 포화 고리형 탄화수소가 평면 구조라면 두 결합 사이의 각도는 위 그림에서 표시한 것과 같은 값을 가져야 한다. 탄소와 탄소 사이의 결합이 스프링과 같이 마음대로 휘어질 수 있다고 해도 두 결합 사이의 각도가 이상적인 값인 $109.5°$에서 벗어나면 스프링에 무리가 생길 것이다. 이렇게 생긴 무리를 베이어의 이름을 따서 「베이어 무리(Baeyer strain)」라고 부른다. 그림을 보면 5각형과 6각형을 제외한 구조에서는 베이어 무리가 상당히 클 것임을 짐작할 수 있다. 베이어는 ∆를 이용해 자연에 존재하는 여러 가지 크기의 고리형 포화 탄화수소 화합물의 상대적인 양을 설명할 수 있을 것으로 기대했지만, 실험에서 얻은 결과를 만족스럽게 설명할 수는 없었다. 베이어의 설명이 실패했던 이유는 포화 탄화수소가 대칭성이 높은 평면 고리형 구조를 가질 것이라고 생각했기 때문이었다. 나중에 밝혀진 실험 결과에 의하면 세 개의 탄소로 만들어져 있기 때문에 어쩔 수 없이 평면구조가 될 수밖에 없는 시클로프로판을 제외한, 다른 포화 탄화수소는 모두 평면이 아니라 대칭성이 훨씬 낮은 구부러진 입체 구조를 가지고 있었다.

1890년 헤르만 작스(Hermann Sachse, 1862~1893)[22]는 여섯 개의 탄소 원자로 이루어진 시클로헥산(cyclohexane)은 평면구조가 아니라 **11**과 같이 대칭적인 「의자(chair)」 모양과 **12**와 같이 비대칭적인 「보트(boat)」 모양의 두 가지 구부러진 입체구조로 존재하며, 이런 구조에서는 탄소 결합 사이에 무리가 없다는 사실을 처음으로 지적했다. 또한 그는 의자형의 경우에는 수소의 방향이 두 가지가 있고, 고리가 뒤집히면 수소의 상대적인 방향도 함께 바뀌게 된다는 사실도 알아냈다. 그리고 탄소와 탄소 사이의 결합이 잘 휘어지지 않을 때에는, 의자형

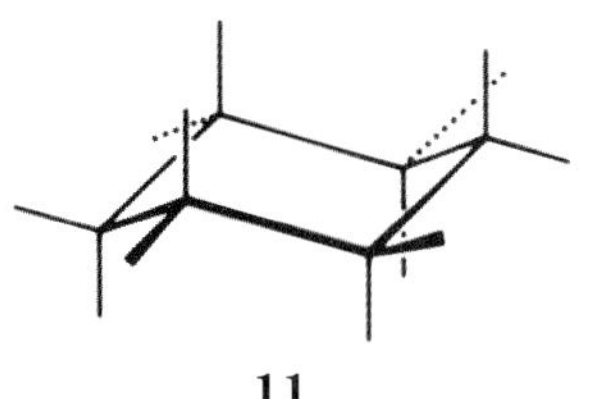

11

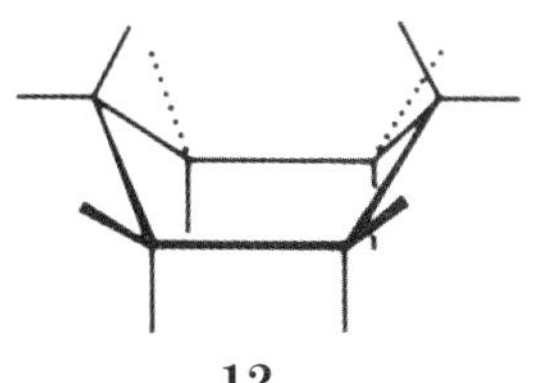

12

분자는 변형이 어려운 딱딱한 구조가 되지만 보트형 분자는 쉽게 휘어질 수 있는 구조라는 사실도 지적했다.

시클로헥산이 구부러진 입체구조를 가질 것이라는 작스의 주장은 평면구조를 가정한 베이어의 무리 이론과는 맞지 않았다. 더욱이 작스의 주장이 사실이라면 시클로헥산의 수소를 다른 원자로 치환시키면 두 가지 종류의 이성질체가 얻어져야만 한다. 그러나 실험에서는 항상 한 가지 종류의 이성질체만 얻어지기 때문에 작스의 주장은 당시의 화학자들에게 인정받을 수 없었고 오랫동안 잊혀져 왔었다. 1918년 에른스트 모어(Ernest Mohr, 1873∼1926)[22]가 마침내 시클로헥산에서 두 탄소—탄소 결합 사이의 각도가 평면 육각형 고리에 필요한 $120°$가 아니라는 사실을 알아냈고, 의자형 구조가 매우 빠른 속도로 뒤집어지기 때문에 치환된 시클로헥산에서 두 가지 종류의 이성질체를 관찰하지 못할 뿐이라면서 30여 년 동안 잊혀져 있던 작스의 주장을 확인했다. 데카린이라고도 불리는 데카히드로나프탈렌(decahydronaphthalene)의 두 가지 이성질체인 「트란스(*trans*)」와 「시스(*cis*)」형태에 해당하는 **13**과 **14**를 실험적으로 분리해 확인한 결과는, 베이어가 주장했던 평면구조를 믿었던 사람들에게는 놀라운 것이었다. 이렇게 해서 1920년대 중반에 이르러서는 시클로헥산이 대칭성 높은 구조가 아니라 무리가 없도록 구부러진 고리 모양의 분자일 것이라고 주장한 작

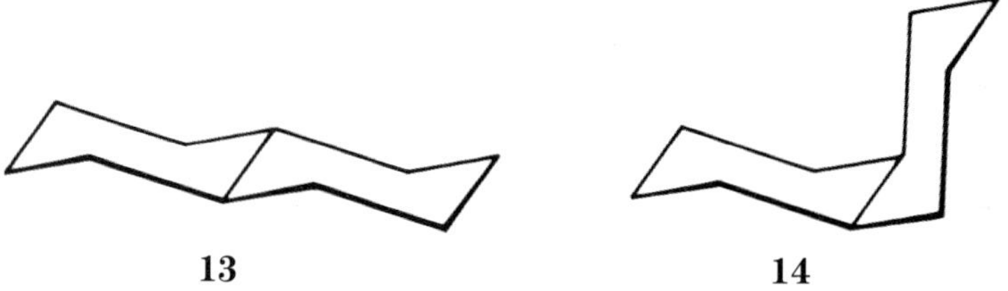

13   **14**

스의 이론이 대체로 인정받게 되었다. 그러나 그 때까지도 시 클로헥산이 대칭적인「의자형」인지, 아니면 휘청거리는「보트 형」인지 또는 두 이성질체가 혼합된 상태로 존재하는지는 정확 히 알 수 없었다.

시클로헥산의 구조에 대한 이야기에는 다음과 같은 흥미로 운 후일담도 있다. 1926년 (앞으로 자세히 설명하게 될) 결정 구조 분석방법을 이용해 헥사클로로시클로헥산(hexachloro-cyclohexane)과 헥사브로모시클로헥산(hexabromocyclo-hexane)*의 구조가 밝혀지게 되었다.[23] 두 분자는 모두 한 개 의 C_3 회전축과 반전점(inversion center)을 가진, 대칭성 높은 구조를 하고 있었다. 만약 이것이 사실이라면 이 분자들은 베 이어가 주장했던 것처럼 평면형이거나 작스가 주장했던 의자 형일 수는 있어도 대칭성이 낮은 보트형일 수는 없었다. 이 때 에는 이미 여러 가지 이유로 평면형 구조는 배제된 시기였기 때문에 시클로헥산은 의자형 구조가 될 수밖에 없었다. 그렇지 만 당시의 논문에는『무리 없는 고리형 구조를 제안한 모어의 이론은 (중략) 우리 실험 결과와 일치하지 않는다. (중략) 그 가 제안했던 3차원 입체구조 중에는 반전점을 가지고 있는 것 은 있지만 대칭면은 찾을 수 없다. 모어가 제안한 구조에서는 여섯 개의 탄소 중 네 개는 같은 평면에 있고, 나머지 두 개의 탄소는 평면 아래와 위쪽으로 같은 거리만큼 떨어져 있다. 우 리의 실험 결과는 그런 구조와 일치하지 않는다』라고 씌여 있 었다.

---

* 역자주 : 헥사클로로시클로헥산($C_6H_6Cl_6$)은 시클로헥산의 열두 개 수소 중 여섯 개가 염소로 치환된 분자이며, 헥사브로모시클로헥산에서는 여섯 개의 수소가 브롬으로 치 환된 것이다.

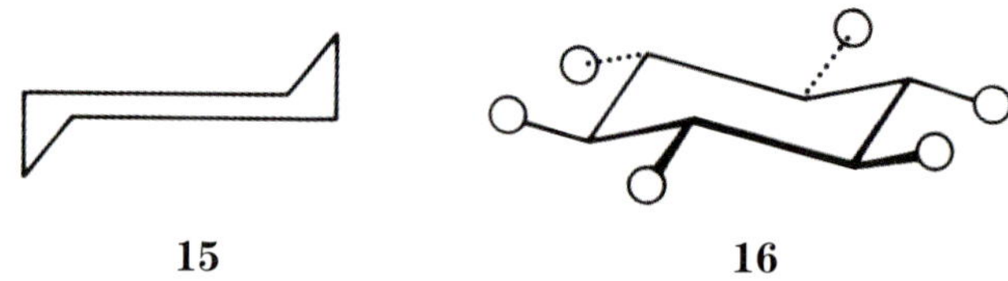

15   **16**

아마도 이들은 모어나 작스의 논문을 직접 읽지 않았고, 1924년 《화학회 연보(*Annual Reports of the Chemical Society*)》에 실렸던 총설을 읽었던 것으로 추측된다. 영국의 화학자 크리스토퍼 인골드(Christopher Ingold, 1893~1970)가 쓴 이 총설에서는 여러 가지 실험적 사실이 밝혀지면서 인정을 받기 시작하던 작스-모어 이론을 설명하면서 특별한 활자가 필요했던 의자형 구조 대신 쉽게 인쇄할 수 있는 **15**와 같은 구조를 사용했다. 앞에서 인용했던 논문의 저자들은 이 그림을 보고, 작스-모어가 주장했던 의자형 구조에서는 원자 사이의 거리가 동일하지 않기 때문에 C_3 대칭축을 가지고 있지 않으리라고 생각했을 것이다. 그러나 결정구조 분석에 대한 이들의 두번째 논문에서는 첫번째 논문의 이상한 설명에 대해 아무런 언급도 없이, 자신들의 실험 결과가 여섯 개의 염소 또는 브롬이 모두 의자형 구조의 시클로헥산에서 수평 위치에 치환된 **16**과 같은 구조를 뜻한다고 주장했다.

대부분의 다각형 고리 모양의 포화 탄화수소가 안정하지 못하는 이유에 대한 의문을 해결한 사람은 레오폴드 루지카(Leopold Ruzicka, 1887~1976)였다. 그는 사향 노루의 후각

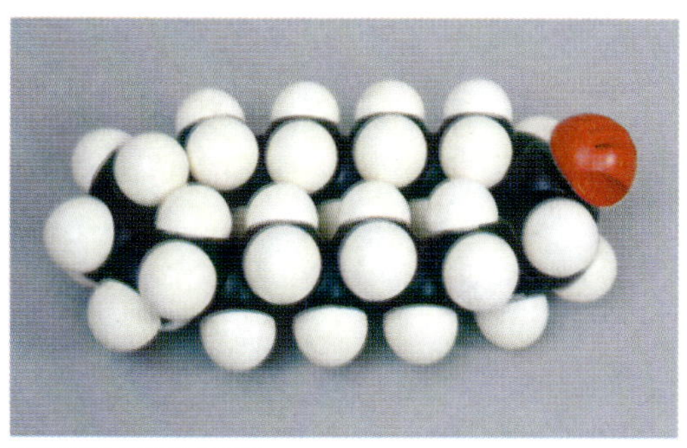

다각형 고리 모양 케톤의 구조

(嗅覺) 구조를 연구하는 과정에서 30개까지의 탄소 원자가 고리 모양으로 연결된 물질을 합성하고 구조를 밝혔다. 그 결과 이들 고리 모양의 분자들은 베이어가 생각했던 것처럼 대칭성이 높지도 않았고 평면구조도 아니었으며, 오히려 앞 그림의 다각형 고리 모양 케톤과 같이 평행으로 놓인 두 개의 지그재그형 사슬의 양쪽 끝이 서로 연결된 모양을 하고 있었다.

이제 다시 벤젠의 이야기로 되돌아가보자. 지금까지 육각형 평면구조인 벤젠 고리들이 여러 가지 모양으로 서로 연결된 화합물이 많이 합성되었다. 우리에게 잘 알려진 나프탈렌(naphthalene, **17**)이나 안트라센(anthracene, **18**)이 그런 예다. 특히 벤젠 고리 주위에 여섯 개의 다른 벤젠 고리가 결합된 코로넨(coronene, **19**)이라는 분자도 벤젠과 마찬가지로 대칭

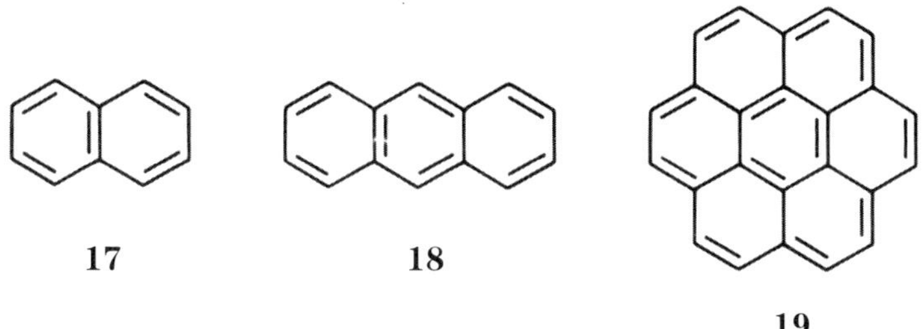

17　　　　**18**

19

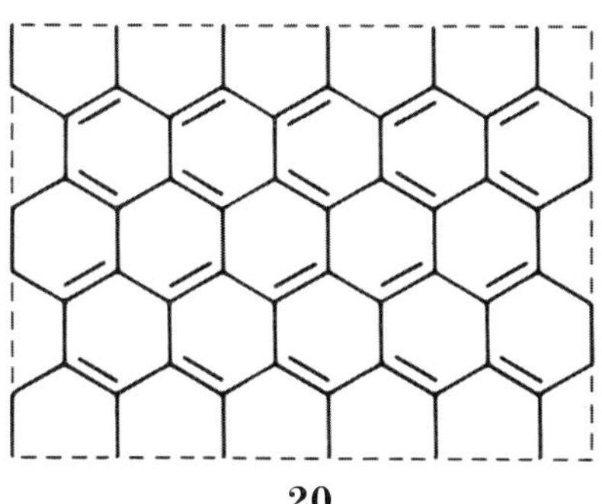

20

성이 매우 높은 평면구조다. 벤젠 고리를 이런 식으로 끝없이 이어가면 원자들이 육각형으로 모인, 무한히 넓은 층 모양의 구조(**20**)가 만들어질 것이다. 탄소의 안정한 형태인 흑연(graphite)은 바로 이런 육각형 층이 겹쳐 쌓인 구조를 가지고 있는데, 이들 층이 서로 쉽게 미끄러지기 때문에 흑연은 훌륭한 윤활 특성을 나타낸다.

흑연보다 훨씬 값이 비싼 다이아몬드(diamond)는 탄소 원자가 정사면체의 꼭지점에 위치하는 네 개의 다른 탄소 원자에 둘러싸여 있는 구조로 되어 있다. 대칭성이 매우 높은 구조가 반복되는 이런 모양은 반트 호프가 제안했던 것과 같다. 다이아몬드 결정은, 모든 탄소 원자들이 튼튼한 화학결합에 의해 고정되어 있는 거대한 3차원 구조를 가지고 있는 하나의 분자라고 생각할 수 있기 때문에 다이아몬드의 경도(硬度)가 상당히 클 것임을 예상할 수 있다. 실제로 다이아몬드는 지금까지 알려진 물질 중에서 가장 경도가 큰 물질이다. 다이아몬드는 예로부터 귀중한 보석으로 여겨져 왔지만, 『다이아몬드는 영원하다』라는 선전은 조금 과장된 것이다. 사실은 탄소가 육각형 평면으로 배열된 층 모양의 흑연이 다이아몬드보다 더 안정하기 때문에 다이아몬드는 수백만 년이 지나면 안정한 흑연으로 변하게 된다.

지금까지의 예에서와는 달리 자

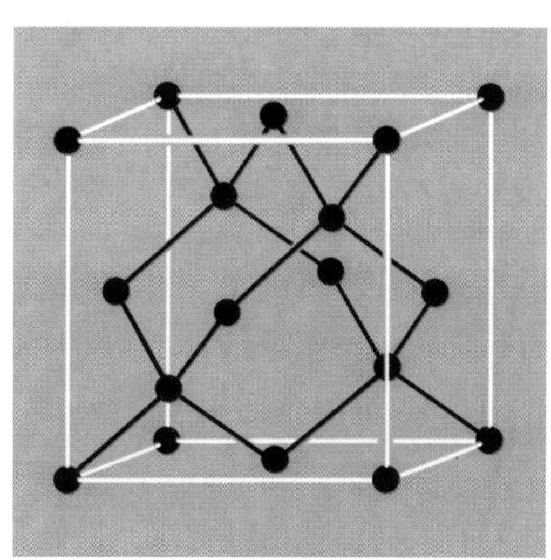

다이아몬드의 단위 구조

연이 대칭적인 구조를 좋아한다는 무조건적인 희망에 들어맞는 경우도 있다. 1985년 리처드 스몰리(Richard E. Smalley)와 해롤드 크로토(Harold Kroto)가 발견해서[24] 많은 관심을 모으고 있는, 예순 개의 탄소 원자가 뭉쳐진 덩어리 모양의 분자(**21**)가 바로 그런 예다. 이 분자는 헬륨 기체가 채워진 통 속에서 흑연을 레이저나 전기로 가열하면 만들어진다. 이 때 탄소의 숫자가 다른, 다양한 크기의 덩어리 분자가 만들어지는데, 그 중에서 예순 개의 탄소가 결합된 분자가 압도적으로 많이 만들어진다. 왜 하필이면 예순 개의 탄소가 모이게 될까? 대칭 이론에 매우 익숙한 사람이나 축구에 관심이 많은 사람이라면 축구공의 표면에 예순 개의 대등한 꼭지점이 있다는 사실을 알고 있을 것이다. 이 꼭지점에 탄소가 있다고 생각하면 고전적인 구조화학에서 요구하는 조건이 모두 충족된다는 사실도 쉽게 확인할 수 있다. 축구공 표면의 예순 개 꼭지점은「절단된 이십면체(truncated icosahedron)」의 꼭지점에 해당한다. 절단된 이십면체는 열두 개의 오각형과 스무 개의 육각형 면으로

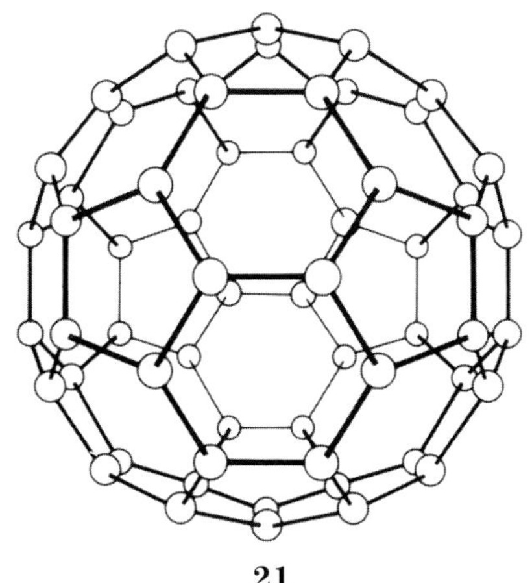

21

되어 있고, 하나의 오각형 주위에는 다섯 개의 육각형이 둘러 싸고, 하나의 육각형 주위에는 세 개의 오각형과 세 개의 육각 형이 둘러싸게 된다. 이 입체는 플라톤 다면체인 정십이면체 및 정이십면체와 같은 정도의 매우 높은 대칭성을 가지고 있 다. 이런 모양의 분자는 수소가 모두 탄소로 치환된 초대형 벤 젠이라고 생각할 수도 있고 일종의 흑연공이라고 생각할 수도 있다. 이 분자가 알려지기 몇 년 전에는 미국의 화학자 레오 파 케트(Leo A. Paquette)가 정십이면체의 꼭지점에 탄소 원자 모 양을 띤, 구조식이 $C_{20}H_{20}$인 탄화수소를 합성했다. 파케트가 합 성한 분자도 스몰리의 분자와 같은 정도의 높은 대칭성을 가지 고 있다.

스위스의 수학자 레온하르트 오일러(Leonhard Euler, 1707 ~1783)는 다면체에서 면의 수(F), 꼭지점의 수(V), 그리고 변의 수(E) 사이에 다음과 같은 간단한 식이 성립한다는 것을 알아냈다.

$$F + V = E + 2$$

이 식을 사용하면 오각형과 육각형의 면으로만 만들어진 다면 체의 꼭지점 수를 알아낼 수 있다. 오각형 면의 수를 P라고 하 고 육각형 면의 수를 H라고 하면 위의 식은

$$F = P + H$$

가 된다. 한편 꼭지점에서는 세 개의 변이 만나게 되므로 꼭지 점의 수

$$V = (5P + 6H)/3$$

이 되어야 한다. 그리고 변은 두 개의 면이 만나서 만들어지기

때문에 변의 수는

$$E = (5P + 6H) / 2$$

으로 주어진다. 따라서 이 결과를 오일러의 식에 넣으면,

$$(P + H) + (5P + 6H) / 3 = (5P + 6H) / 2 + 2$$

이 된다. 이 식을 풀면 P는 언제나 12가 되어야 하지만, 양변에서 H는 모두 상쇄되어버리기 때문에 H의 값은 결정되지 않는다. 오각형과 육각형 면으로 된 다면체는 항상 열두 개의 오각형 면을 가져야 하지만, 육각형 면의 수에는 아무런 제한이 없다는 뜻이다. 만약 H=0이면 열두 개의 면과 스무 개의 꼭지점, 그리고 서른 개의 변을 가진 정십이면체가 된다. 여기에 육각형을 하나씩 더하면 꼭지점의 수는 두 개씩 늘어나서, H=20이 되면 정이십면체처럼 대칭성이 높은 다면체가 된다.

이와 비슷한 구조는 분자생물학에서도 발견되었다. 1962년 분자생물학자인 돈 캐스퍼(Don Casper)와 아론 클러그(Aaron Klug)가 회절(回折, diffraction) 실험*으로 둥근 공 모양을 가진 몇몇 종류의 바이러스 구조를 확인한 결과 C_5 회전축이 있다는 사실을 알게 되었다. 그 결과로부터 이 바이러스들은 예순 개의 단백질 소단위가 대칭성이 매우 높은, 절단된 정이십면체 모양으로 배열되어 있을 것이라고 짐작되었다. 바이러스에서 단백질 소단위가 이런 배열을 하게 되면 동일한 유전정보를 예순 개의 단백질 소단위에 동시에 전달할 수 있기 때문에 매우 경제적인 구조가 된다.

---

* 역자주 : 빛의 파장과 비슷한 간격의 격자(格子)에 빛이 통과할 때 무늬가 나타나는 현상으로, 회절 무늬를 분석하여 격자에 대한 정보를 얻을 수 있다.

그러나 C_{60} 분자에는 전혀 어울리지 않는 이름이 붙여지게 되었다. 이 분자는 미국의 건축가이며 철학자였던 벅민스터 풀러(R. Buckminster Fuller, 1895〉1983)의 이름을 따라 「벅민스터풀러렌(buckminsterfullerene)」이라고 명명됐다. 풀러는 C_{60} 분자 구조와 같은 원리로 만들어진 측지선 돔(geodesic dom)* 을 처음 설계한 건축가였다. 「벅민스터풀러렌」이라는 이름이 너무 길고 부르기 힘들어서 흔히 「버키볼(bucky ball)」로 줄여서 부르기도 하고, 열두 개의 오각형 면을 가진 탄소의 뭉치 화합물 전부를 통틀어 「풀러렌(fullerene)」이라고 부르기도 한다. 새로 탄생하는 아이의 이름을 부모가 결정하는 것은 당연한 일이겠지만, 새로 합성되는 분자의 경우에도 발견자가 아무 제한 없이 아무렇게나 이름을 붙이는 문제에 대해서는 심각하게 생각해볼 문제다. C_{60} 분자의 이름을 살펴보면 새로 탄생하는 분자의 이름을 결정하기 위한 규칙이 필요하다는 것을 절실히 느끼게 된다.

오늘날에는 분자에서 원자의 배열과 원자 사이의 간격을 정확히 측정할 수 있는 정교한 실험방법이 다양하게 개발되어 있기 때문에, 『분자가 어떤 모양을 가지고 있을까?』하는 물음에 대한 대답은 비교적 쉽게 얻을 수 있다. 물론 우리가 눈으로 볼 수 있는 가시광선은, 그 파장이 분자에 의해 산란되기에는 너무 길기 때문에 현미경으로 분자의 구조를 직접 관찰하는 것은 불가능하다. 그렇지만 X선의 파장은 분자에서 원자 사이의 간격과 비슷한 정도이기 때문에 분자 속의 원자에 의한 산란이 일어나게 된다. 그렇지만 가시광선에서와는 달리 X선의 산란

---

* 역자주 : 열두 개의 정오각형 면과 다수의 정육각형 면으로 만들어지는 공 모양의 돔 건축물. 열두 개의 정오각형 면은 정십이면체에서와 같은 대칭성을 유지하도록 배치된다.

을 이용해 분자의 영상을 만들
수 있는 렌즈를 만들 수가 없었
다. 다행히 컴퓨터를 이용해 X
선 회절 무늬를 직접 분석하면
렌즈를 사용해 얻을 수 있는 분
자의 영상을 계산으로 예측할
수 있다. 옆 그림은 스코틀랜드
의 화학자 존 몬티스 로버트슨
(John Monteath Robertson,
1901¡˃ 1990)이 이런 방법을 이
용해서 처음으로 얻은 백금과
프탈로시아닌(phthalocyanine)

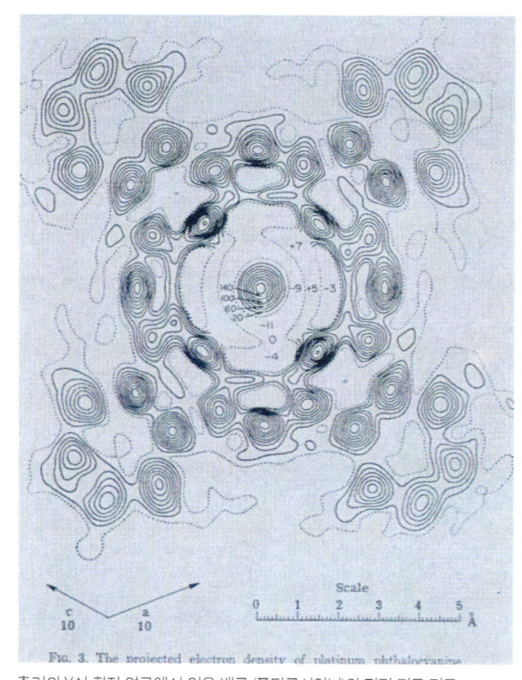

초기의 X선 회절 연구에서 얻은 백금 (프탈로시아닌)의 전자 밀도 지도

염료로 만들어진 착화합물의 사진이다. 약간의 상상력과 화학
적 지식을 이용하면 이 X선 사진으로부터 구조식 **22**에 해당하
는 원자의 좌표를 바로 알아낼 수 있다.

　분자의 결정에서 이런 회절 무늬를 얻기 위해서는 수천 개의
사진을 찍어야 한다. 과거에는 이런 실험을 거쳐 그 결과를 분

22

석하기 위해서는 몇 달에서 몇 년의 시간이 필요했지만 오늘날에는 컴퓨터로 제어하는 기기와 고성능 컴퓨터를 이용함으로써 며칠에서 몇 주일 만에 옛날보다 훨씬 좋은 결과를 얻을 수 있게 되었다. 지금까지 X선, 중성자살(neutron beam), 전자살(electron beam)을 이용한 이런 회절 실험으로 10만 개 이상의 분자 구조를 밝혀냈다.

오늘날에는 분자의 구조를 밝히기 위해 회절 실험 이외에도 다양한 분광학적 방법이 이용되고 있다. 물론 분자 구조의 분석에는 대칭성이 큰 역할을 한다. 예컨대, 그다지 복잡하지 않은 분자의 경우에는 마이크로파 분광법, 적외선 분광법, 라만 분광법 등을 사용하면 분자의 진동이나 회전운동에 대한 정보를 얻을 수 있다. 액체나 기체에서의 분자들은 매우 빠르게 움직이면서 서로 충돌하기도 하고 뒹굴기도 하면서 서로 에너지를 교환하기 때문에 분석이 훨씬 어렵다. 어떤 분석방법을 사용할 것인가는 분자에서 얻고 싶은 정보가 무엇인가에 따라 결정된다. 분자의 전자 상태에 대한 정보를 얻으려면 가시광선이나 자외선을 이용한 분광법을 이용해야 한다. 핵자기 공명 분광법(nuclear magnetic resonance spectroscopy)을 이용하면 원자핵 주변의 지역적 환경에 대한 자세한 정보를 얻을 수 있다. 예를 들어, 대칭적으로 대등한 원자핵들은 핵자기 공명 스펙트럼(spectrum)에서 같은 위치의 신호로 나타난다.

다시 벤젠의 문제로 돌아가

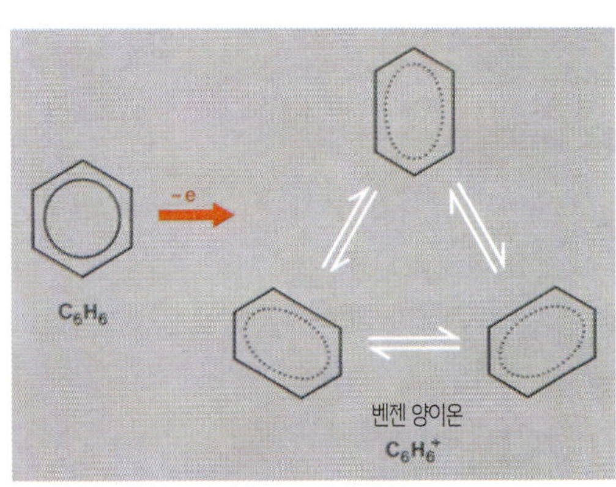

벤젠의 이온화에 따른 대칭성 상실

보자. 벤젠이 완벽한 육각형 대칭구조를 갖는다는 가장 확실한 증거는 분광 실험에서 얻어졌다. 분광 실험의 결과에 의하면 벤젠 분자는 두 개의 케쿨레 구조 사이를 빠른 속도로 오가지 않고, 모든 C—C 결합 길이가 동일하고 모든 C—C—C 결합각이 정확히 $120°$인 정육각형 구조에서 아주 조금씩 진동하고 있을 뿐이다. 이런 모형은 가장 신뢰도가 높은 이론 계산으로도 확인할 수 있다.

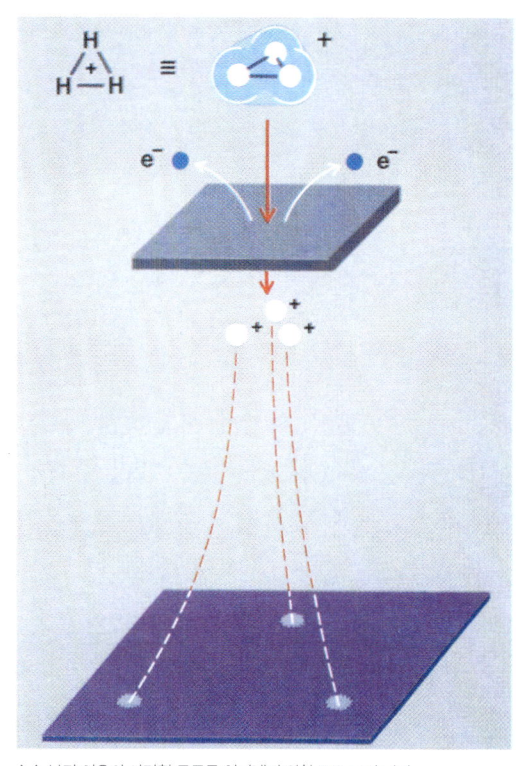

수소 분자 이온의 삼각형 구조를 알아내기 위한 쿨롱 폭발 방법

분자가 외부에서 에너지를 흡수해서 들뜬 상태가 되면 분자의 구조와 함께 대칭성이 변하기도 한다. 예를 들어, 벤젠이 너무 많은 에너지를 흡수한 나머지 전자 하나가 떨어져 나가면 벤젠 양이온이 된다. 그러나 벤젠 양이온은 정육각형 대칭성을 잃어버리고 대칭성이 낮은 세 구조 사이를 빠르게 오가는 상태가 된다.

크기가 비교적 작은 분자의 구조를 알아내는 방법 중 매우 신기하면서도 놀라울 정도로 직접적인 방법은 「쿨롱 폭발 방법(coulomb explosion method)」이다.[25] 이 방법의 원리를 세 개의 수소 원자로 이루어진 「수소 분자 이온(H_3^+)」을 예로 들어 그림으로 나타내면 위와 같다. 양전하를 가진 분자를 입자 가속기를 사용해 빠른 속도로 움직이게 한 후 얇은 탄소판에 통과시킨다. H_3^+는 탄소판을 통과하면서 빽빽이 밀집되어 있는 탄소 원자에 의해서 마치 옷이 벗겨지듯 가지고 있던 전자를 모두 잃어버리고 세 개의 수소 원자핵이 된다. 만약 가속된 H_3^+가 충분한 속도를 유지하고 있을 경우, 탄소판을 빠져나온 세 개의 수소 원자핵은 아직도 상당한 속도를 유지하게 된다. 한편 전자를 모두 잃어버린 세 개의 원자핵은 모두 양전하를 가지고 있기 때문에 서로 밀치면서 결과적으로는 처음의 H_3^+의 구조가 확대되는 현상을 보인다. 따라서 탄소판으로부터 일정한 거리에 검출기를 설치해놓으면 확대된 구조를 가진 원자핵들이 충돌하는 상대적인 위치를 현미경으로 직접 관찰할 수 있다. 그리고 이 결과로부터 원래 분자에서 원자핵의 위치도 거꾸로 알아낼 수 있게 된다. 이와 같은 방법을 통해 H_3^+의 경우에 세 개의 수소 원자가 정삼각형의 꼭지점을 차지하고 있다는 것을 알 수 있다.

7. 거울상 대칭

위에 인용한 성경 이야기는 위대한 도시 니네베(Nineveh)*
에는 오른쪽과 왼쪽을 구별하지 못하는 **12만** 명의 어린이가 살
고 있었거나, 어른과 아이 구분 없이 좌우를 구별하지 못하는
사람이 **12만** 명이나 있었다는 뜻일 것이다. 어린이는 물론이고
많은 사람들이 일상생활에서 흔히 경험하는 좌우의 구별은 화
학에서도 심각한 문제다. 물체가 거울에 비칠 때 오른쪽과 왼
쪽이 바뀐다는 사실은 모두 알고 있다. 오른손잡이가 거울 속
에 비친 자신의 모습을 보면 오른쪽 팔목에 시계를 차고 있고,
심장은 오른쪽에서 뛰고 있으며, 왼손으로 면도를 하는 것처럼
보인다. 거울에 비친 모습에서 아래와 위는 그대로 있지만 오
른쪽과 왼쪽은 서로 바뀌는 것이다. 이런 사실이 이상하게 느
껴질 수도 있지만 사실은 매우 논리적인 것이다. 앞에서 대칭
조작이 좌표계의 변환에 해당한다는 것을 설명했다. 예를 들어,
xz 평면에서의 반사는 y축의 방향을 거꾸로 뒤집는 것으로, 뒤
쪽 그림에서 붉은색으로 표시한 오른손 좌표계에서 푸른색으로
표시한 왼손 좌표계로 전환되는 것에 해당한다. 이 때 z축의 방

---

* 역자주 : 고대 아시리아의 수도.

반사는 오른손 좌표계(붉은색)를 왼손 좌표계(푸른색)로 바꾼다.

향은 아무런 변화도 없이 그대로 남아 있게 된다. 거울에 비친 모습에서 아래위가 바뀌지 않고 그대로 남아 있으면서 오른쪽과 왼쪽만이 서로 바뀌게 되는 것은 바로 이 때문이다.

앞에서 예로 들었던 손잡이가 두 개인 꽃병을 다시 생각해보자. 두 개의 손잡이가 달린 꽃병은 C_2 회전축과 σ와 σ'로 표시되는 두 개의 반사면을 가지고 있다. 그림에서와 같이 거울의 뒤쪽에 만들어진 꽃병의 거울상을 거울 앞으로 옮겨온 후 회전시켜 원래의 꽃병과 일치하도록 만드는 실험을 머리 속으로 생각해보자. 만약 이런 실험으로 거울 속에 만들어진 거울상이

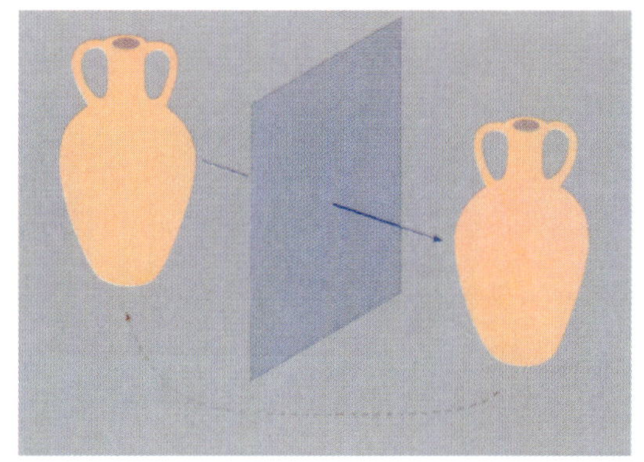

꽃병의 반사

원래의 모습과 일치하는 경우
에는「오른쪽」과「왼쪽」의 구별
은 아무런 의미도 없어지고 원
래의 꽃병과 거울상은 서로 동
등하다고 할 수 있을 것이다.

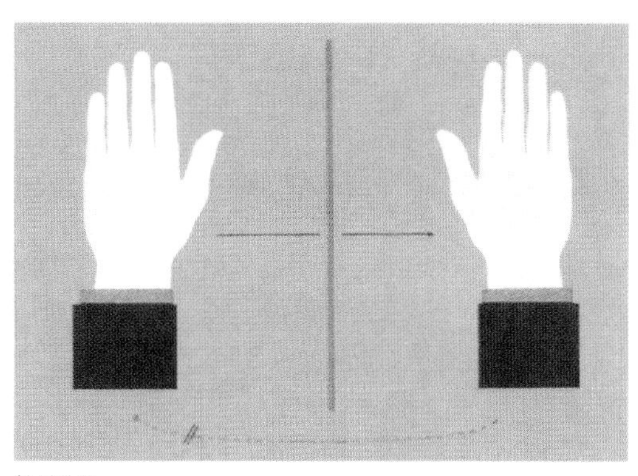
한 쌍의 손

　그러나 꽃병과는 달리 거울
상을 아무리 옮기거나 돌리더라도 원래의 모습으로 되돌려놓
을 수 없는 경우도 있다. 사람의 손이 대표적인 예다. 오른손은
분명히 왼손의 거울상이다. 그러나 오른손과 왼손이 서로 동등
하지 않다는 사실은 오른손을 왼쪽 장갑에 넣을 수 없다는 사
실에서 확실히 알 수 있다. 손과 같이 거울상을 옮기거나 회전
시켜 원래의 모습으로 되돌릴 수 없는 물체 또는 분자를「손」
을 뜻하는 그리스어를 이용해「키랄성(chiral)」또는「손대칭
성」이라고 한다. 키랄성 분자의 쌍은 오른손과 왼손과 같은 관
계를 갖는다. 한편 주어진 대상을 회전시킨 후에 옮겨가는 대
칭조작을「단순회전(proper rotation)」이라고 한다. 따라서 단
순조작으로는 주어진 대상을 키랄성 관계를 가진 짝으로 변환
시킬 수 없다. 키랄성 물체를 거울상과 겹치도록 하기 위해서
는 반사와 회전 대칭조작을 차례로 적용하는「회전반사 대칭조
작(improper symmetry operation)」이 필요하다. 반사(σ) 대칭
요소를 가지고 있는 분자의 경우에는 거울상과 겹쳐지기 때문
에「비키랄성(achiral)」분자가 되며, 회전반사 대칭조작이 없
고 단순회전 대칭조작만을 가진 분자는 거울상과 겹쳐지지 않
는「키랄성」분자가 된다. 이런 기준은 어떤 분자의 키랄성 여
부를 알아내는 편리한 잣대가 된다. 그렇다면 **23**의 구조를 가
진 분자는 키랄성일까?

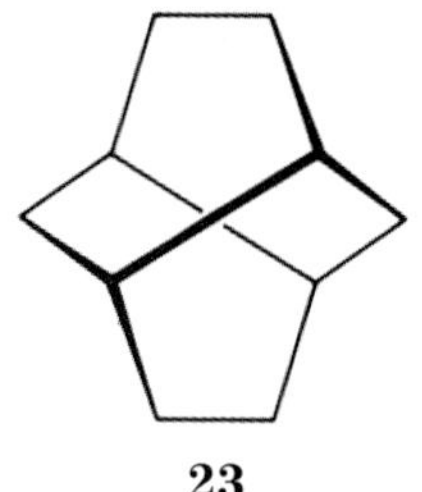

23

그 해답을 찾기 위해서는 주어진 분자와 거울상에 해당하는 분자의 모형을 직접 만들어 두 모형이 서로 겹쳐질 수 있는가를 알아보면 된다. 그러나 주어진 분자가 회전반사 대칭요소를 가지고 있는가를 알아내는 것이 훨씬 간편한 방법이다. 만약 주어진 분자에서 회전반사 대칭요소를 찾을 수 없으면 당연히 키랄성 분자가 되고, 그렇지 않을 경우에는 비키랄성 분자가 된다. **23**의 분자는 대칭성이 상당히 높은 분자처럼 보이기는 하지만, 자세히 살펴보면 단순회전에 해당하는 C_2 회전축 세 개가 서로 직교하고 있을 뿐이다. 따라서 이 분자는 키랄성이고 「트위스탄(twistane)」이라고 불린다. 실제로 자연에 존재하는 천연 분자는 물론, 인공적으로 합성된 대부분의 유기 분자들은 반사면을 가지고 있지 않은 키랄성 분자다. 오히려 비키랄성 분자는 지극히 예외적인 경우로서 적은 수의 원자만으로 만들어진 비교적 간단한 분자에서나 볼 수 있다. 즉 분자의 세계에서는 비키랄성 분자가 신기한 예외에 해당한다.

거울상과 겹쳐지지 않는 관계를 가진 키랄성 분자의 존재는 1874년 네덜란드의 반트 호프(1852~1911)와 프랑스의 아키유 르벨(Achille Le Bel, 1847~1930)이 각자 독자적으로 제안했다.[13] 다음 그림은 반트 호프가 처음 사용했던 모형을 나타낸 것이다. 반트 호프와 르벨은 이런 모형을 사용해서 탄소에 결

반트 호프가 처음 만들었던 3차원 모형[26]

합된 네 개의 원자 또는 그룹이 전부 다를 경우 서로 겹쳐지지 않는 두 가지 구조로 존재할 수 있다는 사실을 알아냈다〔뒤쪽 그림에서 서로 다른 색으로 표시된 네 개의 공이 결합된 탄소를 「비대칭(asymmetric)」 탄소라고 부른다〕. 이런 두 가지 구조는 「거울상 이성질체(enantiomer)」라고 하는 독특한 종류의 이성질체에 해당된다. 두 개의 거울상 이성질체 중 하나를 「오른손잡이성(right-handed)」이라고 한다면 다른 하나는 「왼손잡이성(left-handed)」이라고 할 수 있다. 그러나 여기에서는 실제로 손을 대상으로 하는 것이 아니기 때문에, 두 개의 이성질체 중 어느 것이 오른손잡이성에 해당하고 어느 것이 왼손잡이성에 해당하는지 알 수 있는 방법은 전혀 없다. 비키랄성 분자에서 인공적인 방법으로 키랄성 분자를 합성하는 경우에는 흔히 두 가지 종류의 이성질체가 같은 양씩 만들어진다. 그러나 키랄성 분자를 의약품과 같은 목적으로 사용하기 위해서는 두 가지 형태의 이성질체를 분리해야 한다. 그렇지만 거울상 이성질

거울상 이성질체 분자의 모형

체들은 물리적 성질이 완전히 동일하고, 화학적 반응성도 차이가 전혀 없는 경우가 대부분이다. 다만, 거울상 이성질체가 키랄성 환경에서 반응하는 경우에는 두 이성질체의 반응성이 구별될 뿐이다. 따라서 거울상 이성질체를 분리하는 것은 매우 힘들고 어려운 화학반응을 이용할 때에만 가능하다.

그러나 생물체에 의해 합성되는 물질이나 생물체를 구성하는 유기 분자와 같은 천연 유기 물질은 두 이성질체 중 한 가지 형태로만 존재한다. 즉 자연에서 만들어지는 키랄성 유기 분자들은 「오른손잡이성」과 「왼손잡이성」 분자 중 한 가지 종류만으로 존재하는 순수한 거울상 이성질체고, 두 가지의 거울상 이성질체가 함께 혼합되어 있는 경우는 전혀 찾아볼 수 없다.

천연 키랄성 유기 물질의 이런 특성은 분자구조에 대한 이론이 확립되기도 전에 프랑스의 과학자 파스퇴르(1822~1895)에 의해서 이미 제안되었다. 파스퇴르는 화합물을 물에 녹인 용액에 편광된 빛을 쪼여주면서 빛이 흡수되는 정도를 알아보는 실험을 했다. 빛은 진동하는 전자기파로서 전기장과 자기장이 빛의 진동방향과 서로 수직방향으로 진동하는 종파다. 전기장의 진동방향에 따라 굴절률이 다른 경우에는 결정 형태의 물질을 통과하면서 빛의 성분 사이에 속도 차이가 생기고, 그 결과 굴절률이 서로 다른 두 개의 성분으로 나누어지는 경우가 있다. 폴라로이드 필름과 같이 빛의 두 성분 중 하나만을 선택적으로 흡수하는 물질을 통과한 빛은 전기장이 오직 한 평면에서만 진동하는 「평면 편광(plane polarized light)」이 된다. 천연 유기

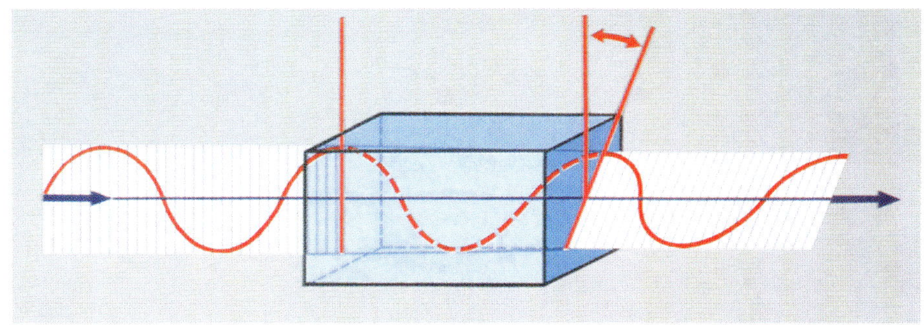

광학 활성 물질을 통과하면서 편광면이 회전하는 모형

물질을 녹인 용액에 편광을 통과시키면 전기장이 진동하는 편광면의 회전이 일어나는 경우가 있다는 사실은 19세기 초에 이미 알려져 있었고, 이런 물질을「광학활성(optically active)」물질이라고 불렀다.

타타르산(tartaric acid)은 대표적인 광학활성 물질이다. 1848년 파스퇴르는 타타르산 염(鹽)의 결정 가운데 몇몇 종류는 작은 면들이 거울상과 같이 서로 겹쳐지지 않는 반면성(hemihedral, 키랄성 결정을 뜻하는 결정학 용어)임을 발견하고, 광학활성 물질의 결정은 반면성 결정구조를 갖게 되고, 반대로 반면성 구조의 결정은 광학활성이라는 사실을 깨달았다. 분자의 구조를 정확하게 알아낼 수 있는 실험방법이 없었던 시기에 활동했던 파스퇴르는 이런 결과로부터『타타르산 분자의 구조를 알 수는 없지만, 비대칭일 것이고 거울상과 같이 서로 겹쳐지지 않을 것』이라는 결론을 얻었다.

그러나 이 문제도 그렇게 간단히 해결된 것은 아니었다. 포도주를 오랫동안 방치해두면 타타르산의 암모늄 나트륨 이중염(ammonium sodium double salt)이 조금 만들어진다. 이 염이 결정 상태로 있을 경우에는 타타르산의 다른 염과 마찬가

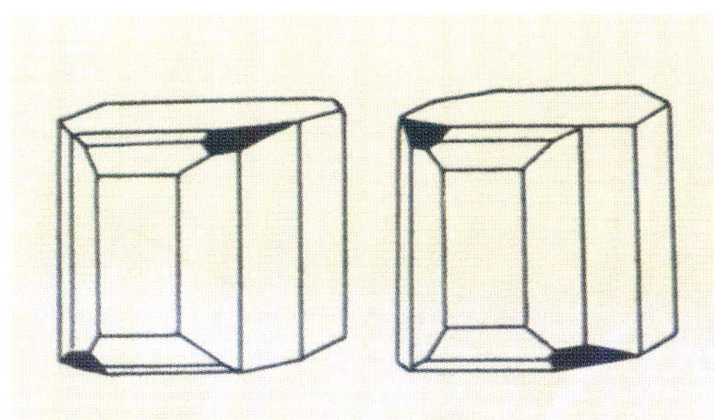

타타르산 나트륨 암모늄의 거울상체 결정[27]

지로 반면성이지만, 이것을 물에 녹이면 광학활성을 잃어버린다. 파스퇴르는 결정 모양을 자세히 관찰한 결과 타타르산 이중염의 결정에는 오른손잡이형 결정과 왼손잡이형 결정이 함께 섞여 있다는 사실을 발견했다. 그리고 두 가지 종류의 결정을 분리해서 따로따로 물에 녹이면, 두 용액은 편광면을 서로 반대방향으로 회전시킨다는 사실도 발견했다. 실제로 우회전성(dextrorotatory) 결정을 물에 녹이면 보통의 타타르산과 동일한 산(酸)이 생기고, 좌회전성(levorotatory) 결정을 물에 녹이면 편광면을 회전시키는 방향을 제외한 다른 모든 성질이 동일한 타타르산이 얻어진다. 파스퇴르는 이와 같은 일련의 관찰을 통해 결정의 반면성과 결정을 구성하는 분자의 키랄성〔그는 「반대칭성(dissymmetry)」이라는 용어를 사용했다〕, 그리고 편광면을 회전시키는 광학활성 사이에는 어떤 관련이 있을 것이라는 사실을 깨달았다. 그러나 당시에는 분자구조에 대한 지식이 전혀 없었기 때문에 더 이상의 해석은 불가능했다. 이런 관찰을 완벽하게 설명할 수 있게 된 것은 25년이 지난 후 반트 호프와 르벨이 분자구조에 대한 모형을 제시하면서부터였다.

그 후 20세기 중반에 이르러서는 수천 종류에 달하는 키랄성 분자들의 관계를 화학적인 방법만으로 이해할 수 있게 되었다. 예를 들어, 단백질의 폴리펩티드 사슬(polypeptide chain)의 구성단위인 20여 종류의 아미노산(amino acid)들은 모두 **24**와 같은 구조를 갖거나, 이들의 거울상에 해당하는 구조를 갖는다. 그리고 핵산(nucleic acid)의 일부인 리보오스(ribose) 분자와 탄수화물의 글루코오스(glucose) 분자는 모두 **25**에서 R이 CH_3로 치환된 글리세르알데히드(glyceraldehyde) 구조이거나 이것의 거울상이라는 사실도 알게 되었다. 만약 **24**의 구조가 실제

단백질의 구조를 정확히 나타내는 것이라면, **25**의 구조도 옳은 구조일 수 있다. 그러나 화학적 실험만으로는 **24**와 **25** 중 어느 것이 옳은지, 아니면 이들의 거울상 구조가 옳은 것인지를 알아낼 수는 없었다. 즉 어느 쪽이 우리가 살고 있는 세상에 존재하는 분자의 구조를 나타내는 것이고, 어느 쪽이 거울상에 해당하는 세상에 존재하는 분자의 구조를 나타내는 것인지 전혀 알아낼 수 없었다. 대부분의 화학자들은 영원히 그 답을 알 수 없을 것이라고 믿었다.

$$
\begin{array}{ccc}
\text{COOH} & \text{CHO} & ^1\text{COOH} \\
\text{H}_2\text{N}-\!-\text{H} & \text{H}-\!-\text{OH} & \text{H}-\!^2-\text{OH} \\
\text{R} & \text{R} & \text{HO}-\!^3-\text{H} \\
 & & ^4\text{COOH} \\
\mathbf{24} & \mathbf{25} & \mathbf{26}
\end{array}
$$

이 문제를 해결하기 위해 독일의 화학자 에밀 피셔(Emil Fischer, 1852~1919)는 사면체의 중심에 위치한 원자에 결합된 두 가지 키랄성 배열 중 하나를 나타내는 방법을 통일해서 사용하도록 하고, 어느 것이 실제 분자의 구조를 나타내는 것인지는 나중에 결정하도록 남겨두자고 제안했다.

그러나 두 개의 거울상 이성질체 중 어느 것이 실제 구조에 해당하는가는 1950년 네덜란드의 화학자면서 결정학자였던 요하네스 마틴 비보에(Johannes Martin Bijvoet, 1892~1980)에 의해 밝혀지게 되었다. 그는 특별히 고안된 X선 회절 실험을 통해 우회전성 타타르산의 구조가 **26**과 일치한다는 사실을 밝힐 수 있었다. 이렇게 해서 마침내 분자의 절대적인 구조와 거시적인 키랄성의 관계를 정립할 수 있게 되었다. 그 후 같은 실험방법을 이용해 수백 종류에 달하는 분자의 키랄성을 분명히 결정할 수 있었으며, 그 결과는 실험 결과를 해석하는 과정에서 실수가 발생한 경우를 제외하면 화학적 상관관계를 이용해 추측했던 것과 완전히 일치했다.

오늘날 사면체 중심에 탄소 원자를 가진 키랄성 분자의「절대 구조(absolute configuration)」는 1951년 로버트 시드니 칸(Robert Sidney Cahn, 1899~1981)과 크리스토퍼 켈크 인골드(Christopher Kelk Ingold, 1893~1970), 그리고 프렐로그가 제안했던 방법으로 설명하고 있다. 제안자들의 이름을 따서「CIP 방법」이라 불리는 이 표현방법에서는 우선 정사면체 중심의 탄소 원자에 결합된 네 개의 서로 다른 그룹을 우선순위에 따라 a> b> c> d 의 순서로 배열한다. 우선순위는 탄소에 직접 결합된 원자의 원자번호에 따라 다음과 같은 순서로 결정된다.

$$Br > S > P > O > N > C > B > H$$

이것으로 충분하지 않을 경우에는 두번째로 질량의 순서에 따라

$$^3H(삼중수소) > {}^2H(중수소) > {}^1H(수소)$$

또는

$$^{18}O > {}^{17}O > {}^{16}O$$

과 같이 질량수가 큰 동위원소에 높은 우선순위를 부여한다.

만약 탄소에 직접 결합된 원자만으로 우선순위를 구별할 수

없을 경우에는 분자식에서 바깥 쪽으로 결합된 원자들을 비교해 위와 같은 규칙과 더 복잡한 규칙을 이용해 우선순위를 결정한다. 이런 식으로 분자의 「키랄 중심(chiral center)」에 결합된 네 개의 원자단에 대한 상대적인 우선순위를 결정할 수 있다. 예를 들어, 앞에서 설명했던 타타르산 **26**의 경우에 2번 탄소의 우선순위는

$$a=O(H), \; b=C(OOH), \; c=C(H,OH,COOH), \; d=H$$

가 된다.

이런 방법으로 중심 탄소 원자에 결합된 원자의 우선순위를 결정한 후 다음과 같은 방법으로 키랄성 구조의 절대적인 구조를 구별한다. 먼저 우선순위가 가장 낮은 d 원자의 반대 쪽에서 분자를 바라보았을 때 나머지 세 개의 원자 a, b, c가 시계 회전방향으로 배열되어 있으면 키랄성이 R〔라틴어의 「오른쪽(rectus)」에서 유래됨〕이라고 하고, 시계 회전방향의 반대로 배열되어 있는 경우에는 키랄성이 S〔라틴어의 「왼쪽(sinister)」에서 유래됨〕라고 한다. 만약 a, b, c를 자동차의 핸들 위에 배열한 다음, a→b→c 방향으로 돌리면 R 키랄성의 경우에는 자동차가 오른쪽으로 회전할 것이고, S 키랄성의 경우에는 왼쪽으로 회전할 것이다.

이와 같은 규칙을 따르면 **26**에서 2번 탄소의 키랄성은 R이 된다. 한편 타타르산의 양쪽 끝은 회전반사 대칭조작이 아니라 단순회전 대칭조작에 해당하는 C_2 회전축을 가지고 있기 때문에 3번 탄소의 키랄성도 역시 R이 될 것이라는 사실도 바로 알 수 있다. 그래서 **26**과 같은 구조를 가진 타타르산을 (R,R)-타타르산이라 부르고, **26**의 거울상 이성질체에 해당하는 **27**의

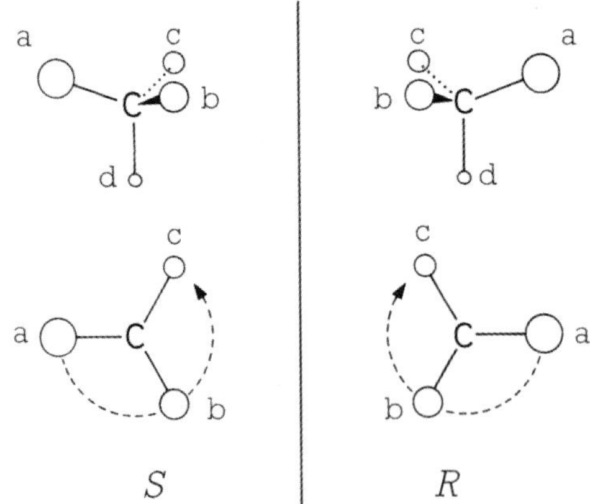

구조를 갖는 타타르산은 (S,S)-타타르산이라고 한다.

타타르산의 경우에는 지금까지 설명한 두 가지 이성질체 이외에도 **28**과 같은 구조를 가진 (R,S)-타타르산 또는 메조 (*meso*) 타타르산이라는 이성질체가 하나 더 있다. 이 분자에서는 2번과 3번 탄소 원자가 서로 다른 키랄성을 나타낸다. 그러나 **28a**의 구조를 거울에 반사시키면 R 키랄성을 가진 부분은

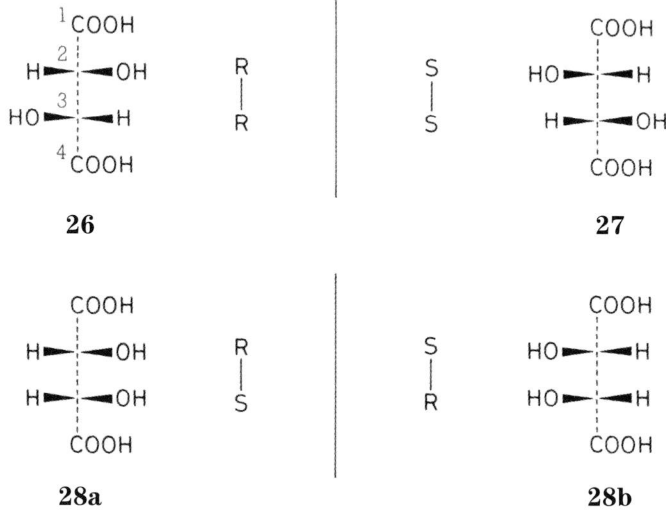

S가 되고, S 키랄성을 가진 부분은 R로 바뀌어 **28b**가 되지만, R과 S를 모두 가지고 있는 이 분자의 거울상은 서로 겹쳐지게 된다. 즉 메조 타타르산은 가운데를 중심으로 양쪽이 서로 반사 또는 반전대칭을 가지고 있기 때문에 키랄성을 나타내지 않는다. 이와 같이 타타르산은 서로 거울상 이성질체의 관계를 갖는 (R,R)-타타르산과 (S,S)-타타르산 이외에 메조 형태의 (R,S)-타타르산을 포함해서 모두 세 가지 이성질체로 존재할 수 있다.

그렇다면 타타르산보다 한 개의 탄소를 더 가지고 있는 사슬형의 트리히드록시글루탐산(trihydroxyglutaric acid, **29~32**)의 경우에는 몇 개의 이성질체가 있을까?

이 분자에서 2번과 4번 탄소에는 네 개의 서로 다른 그룹이

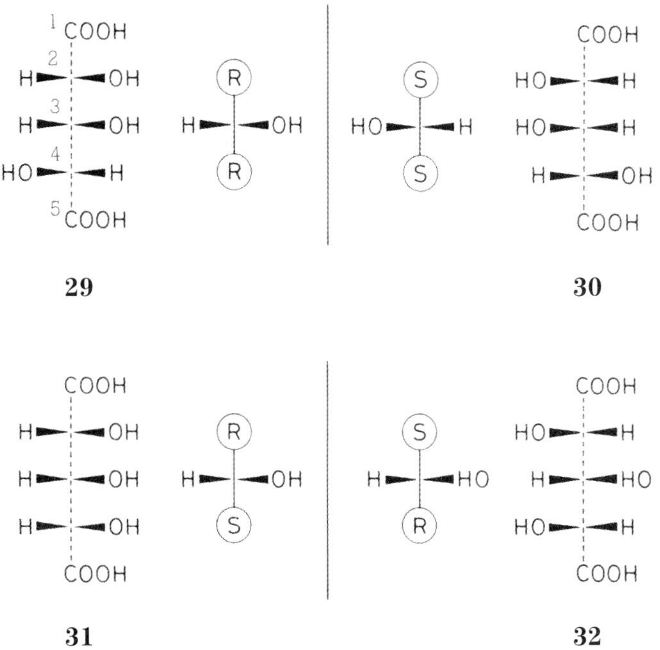

결합되어 있기 때문에 키랄 중심이지만, 3번 탄소에는 똑같은 —CH(OH)—COOH 그룹이 두 개 결합되어 있기 때문에 키랄 중심이 아닌 것처럼 보인다. 타타르산의 경우에서와 같이 **29**나 **30**의 구조를 갖는 (R,R)과 (S,S) 형태는 명백한 거울상 이성질체지만, 메조 형태에 해당하는 **31**과 **32**의 경우에는 자세히 살펴볼 필요가 있다. 과연 **31**과 **32**는 메조 타타르산에서와 같이 서로 겹쳐지는 쌍일까, 아니면 서로 겹쳐지지 않는 거울상 이성질체일까? **31**과 **32**의 구조를 서로 비교해보면 두 분자는 어떻게 하더라도 서로 겹쳐질 수 없다는 사실을 알 수 있다. 따라서 타타르산과는 달리 이 경우에는 **29**와 **30**과 같은 거울상 이성질체 이외에도 두 개의 메조 형태인 **31**과 **32**를 포함한 네 가지 종류의 이성질체가 존재할 수 있다.

삼각형의 중심에 위치한 탄소 원자에 세 개의 그룹이 결합되어 있는 경우에도 CIP 규칙을 적용할 수 있다. 중심 탄소와 그 주변에 결합을 형성하고 있는 세 개의 그룹이 모두 같은 평면에 있는 **33**과 같은 구조를 가진 아세트알데히드의 경우에는 산소가 a이고, 메틸기가 b, 그리고 수소는 c가 된다. 그러나 이 경우에 분자 평면의 한쪽에서 보면 a→b→c 회전순서는 시계 회전방향이 되지만, 다른 쪽에서 보면 시계 회전방향의 반대가 된다. CIP 규칙에서는 이런 혼란을 해결하기 위해 분자 평면의 한쪽을 「*Re*면」이라고 하고, 다른 쪽을 「*Si*면」으로 구별해서 부른다. 이 경우에 분자평면의 양쪽 방향은 반사 대칭성을 갖고, 두 방향을 「거울상성(enantiotopic)」 방향이라고 부른다.

이와 같이 평면 분자와 같이 반사면이 유일한 대칭요소일 경우에도 분자 평면의 양쪽을 서로 구별할 수 있는 경우가 있다. 이런 구별이 필요한 이유는 생화학적 반응을 살펴보면 쉽게 이

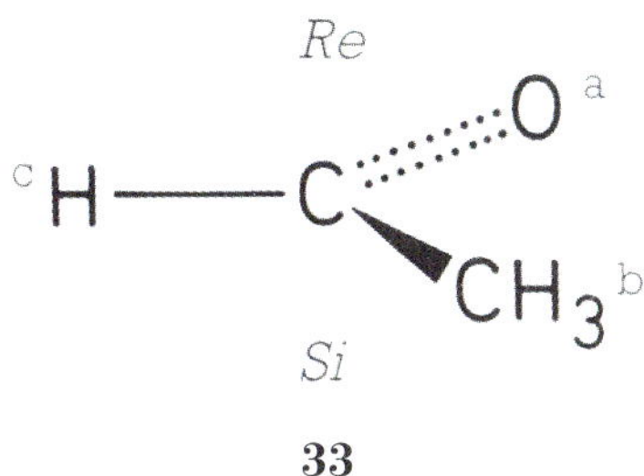

33

해할 수 있다. 예를 들어, 아세트알데히드와 같이 비키랄성 평면 분자의 어느 한쪽의 거울상성 면으로부터는 쉽게 반응이 일어나지만, 다른 쪽에서는 생화학적 반응이 전혀 일어나지 않는 경우가 있기 때문이다. 언뜻 생각하면 이런 결과가 매우 이상하게 느껴지겠지만 일상생활에서의 경험을 바탕으로 그 이유를 쉽게 이해할 수 있다. 예를 들어, 앞에서 설명했던 찻잔의 경우에는 손잡이의 가운데를 지나는 반사면이 유일한 대칭요소이고, 이 반사면의 양쪽은 서로「거울상성」관계를 갖는다. 만약 오른손잡이가 찻잔을 사용할 경우에는 대칭면을 중심으로 찻잔의 어느 한쪽만을 사용하고 다른 쪽은 거의 사용하지 않게 마련이다. 집중적으로 사용하는 대칭면의 한쪽은 쉽게 닳지만, 다른 쪽은 계속 새 찻잔의 모습이 그대로 남아 있게 된다.

한동안 광학활성은 반트 호프와 르벨이 주장했던 것처럼 탄소가 포함된 분자의 독특한 특성으로 여겨져 왔다. 즉 광학활성은 사면체 모양으로 배열

오래 사용한 찻잔

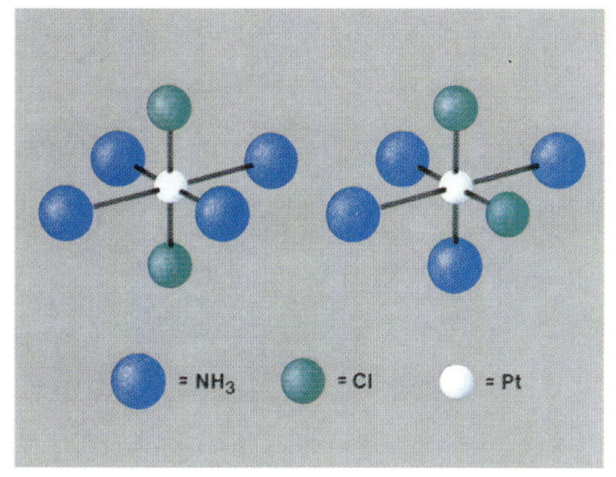
베르너가 알아낸 $Pt(NH_3)_4Cl_2$ 구조

된 결합에 연결된 네 개의 서로 다른 그룹을 가진 「비대칭 탄소 (asymmetric carbon)」의 고유한 특성이라고 믿었다. 그러나 알프레드 베르너 (Alfred Werner, 1866~1919)가 중심 원자 주위에 여섯 개의 리간드(ligand)가 결합된 팔면체 구조를 갖는 배위화합물(coordination compound)에서 새로운 종류의 이성질체를 발견하면서 이런 믿음은 무너지게 되었다.[28] 예를 들어, $Pt(NH_3)_4Cl_2$라는 구조식을 가진 배위화합물은 가운데 위치한 백금 원자에 결합된 두 개의 염소 원자가 팔면체의 꼭지점 중에서 서로 인접한 위치에 결합된 경우와 그렇지 않은 두 종류의 구조를 가질 수 있다. 이들의 구조를 자세히 살펴보면 새로운 이성질체의 가능성을 짐작할 수 있고, 대칭성을 이용해서 이들을 명확하게 구별할 수 있다.

흔히 en으로 줄여서 표시하는 에틸렌디아민(ethylenedi-amine, $H_2N—CH_2—CH_2—NH_2$)의 양쪽 끝에 위치한 두 개의 질소 원자들이 하나의 금속 원자에 결합하게 되면 오각형 고리 모양의 구조를 만든다. 이렇게 만들어지는 고리를 「가재」를 뜻하는 희랍어(chele)를 변형해서 「킬레이트(chelate)」 고리라고 부른다. 만약 코발트 원자 하나에 이런 세 개의 킬레이트 고리가 만들어지면 **34** 또는 **35**와 같은 모양의 구조가 만들어진다. **34**와 **35**는 서로 거울상의 관계며, 이런 분자에서는 단순회전 대칭요소인 C_3와 C_2만을 찾을 수 있다. 다시 말해 두 구조는 키랄성이고 서로 거울상 이성질체의 관계를 갖는다. 즉 **34**에서는 세 개의 고리가 모두 오른나사와 같은 방향으로 돌아가고 있지만, **35**에서는 왼나사와 같은 방향으로 돌아가고 있다. 실제로 베르너는 Co(en)$_3$Cl$_3$의 이성질체들을 분리해서 이들이 광학활성을 나타낸다는 사실을 확인했고, 이들의 「절대 구조」도 비보에의 방법을 이용하는 X선 구조 분석방법으로 확인했다.

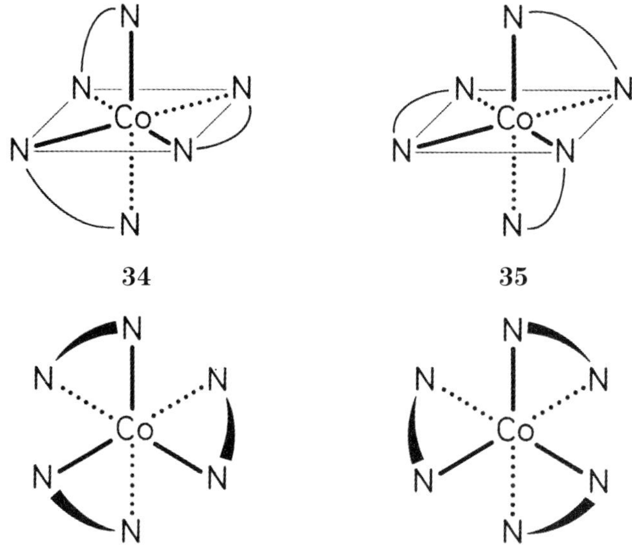

34   **35**

분자생물학에서 유전정보의 전달체로서 핵심적인 역할을 하는 중요한 분자인 데옥시리보핵산(deoxyribonucleir acid : DNA)도 잘 알려진 키랄성 분자다. 1953년 제임스 왓슨(James D. Watson)과 프랜시스 크릭(Francis H. C. Crick)에 의해 밝혀진 것과 같이 DNA는 보통 나사의 회전방향과 같이 오른쪽으로 돌아가는 두 개의 나선(helix) 구조가 서로 엉켜 있는 이중나선 구조를 가지고 있다.[29]

생물체에서 일어나는 분자의 변환은 「효소(enzyme)」라고 불리는 거대한 생화학 물질의 내부에서 진행된다. 페니실린을 발견한 알렉산더 플레밍(Alexander Fleming, 1881~1955)은 「리

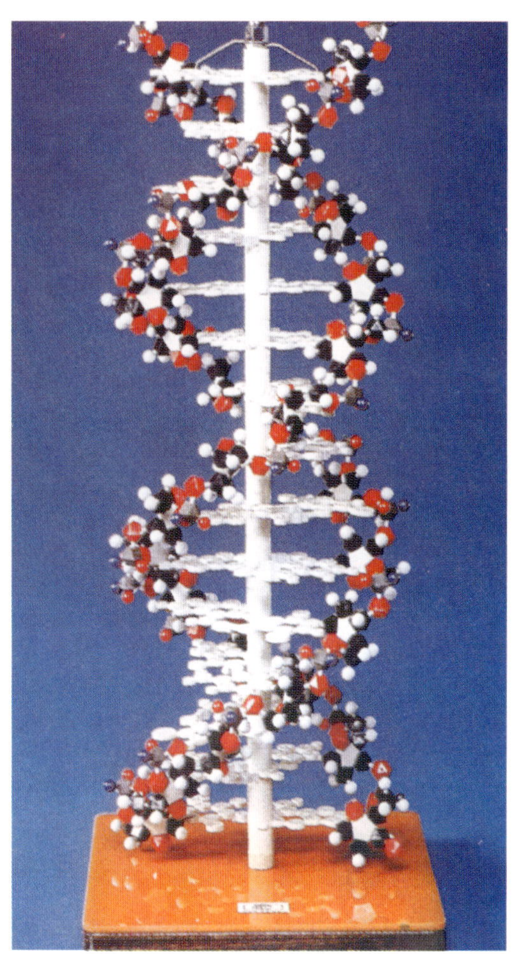
데옥시리보핵산 (DNA)

소짐(lysozyme)」이라는 대표적인 효소를 발견한 것으로 유명하다. 거대한 분자인 리소짐 효소의 구조는 1965년 데이비드 킬턴 필립스(David Chiltern Philips)가 그의 동료들과 함께 X선 분석 방법을 이용해 밝혀 냈다. 다음 그림을 보면 키랄성 분자인 이 효소가 얼마나 복잡한 가를 짐작할 수 있을 것이다.

자연은 키랄성 분자인 효소를 이용해 키랄성 분자를 조작하고 있다. 효소는 실제 화학반응이 일어나는 「활성 자리(active site)」라고 불리는 동공(洞空)을 가지고 있다. 다음 그림에서는 호스트(host) 분자인 리소짐의 동공 속에 진한 색으로 표시된 게스트(guest) 분자가 마치 손으로 잡고 있는 듯한 모양으로 잡혀 있는 것을 볼 수 있다. 효소의 동공 내부에서 화학변화를 일으키게 되는 분자도 효소 분자와 마찬가지로 키랄성이기 때문에 두 분자의 키랄성이 잘 맞아야 한다는 점은 확실하다. 오른손으로 사용하도록 만들어진 가위를 왼손으로는 제대로 잡을 수 없듯이, 키랄성 분자인 효소도 키랄성이 맞지 않는 분자의 화학반응을 촉진시키는 촉매 역할을 제대로 해내지 못한다. 다음 그림에는 이런 상황을 개략적으로 나타냈다. 왼쪽에 있는 두 개의 거울상 모형은 페닐알라닌(phenylala-nine) 분자의 거울상 이성질체를 나타내고, 이 중 하나만이 효소 분자의 동공에 잘 맞기 때문에 선택적인 반응이 일어나게 된다. 즉 효소를 사람의 손과 같은 모양이라고 생각한다

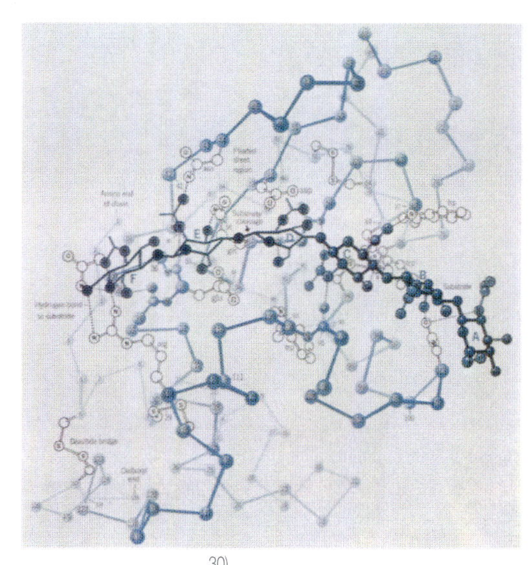

리소짐과 게스트 분자의 모형[30]

면 그림에서 두 개의 거울상 이성질체 중 하나만이 효소에 의해 잡힐 수 있고, 그런 분자만이 선택적인 반응을 일으키게 된다. 다른 거울상 이성질체 구조를 가진 분자는 효소에 의해 잡힐 수 없기 때문에 아무런 반응도 일어나지 않게 된다.

거울상성 분자의 경우에도 거울상이 서로 겹쳐지기는 하지만 효소가 관여하는 일련의 생물학적 반응에서는 반응이 일어나는 방향에 따라서 그 결과가 달라질 수도 있다. 비키랄성 분자인 아미노말론산 **36**에서 두 개의 —COOH는 동등한 것처럼 보이지만 이 분자가 박테리아의 내부에서 일어나는 화학반응을 거치게 되면 두 개의 —COOH 중에서 특정한 하나만이 이산화탄소로 떨어져 나가서 글리신(glycine) 분자가 된다. —C(3)OOH가 떨어져 나가서 만들어진 글리신에서 —C(1)OOH, —NH$_2$, —H의 공간적 배열은 **24**에 나타낸 천연 아미노산에서와 동일하지만, —C(1)OOH가 떨어져 나가서 만들어지는 글리신에서는 —C(3)OOH, —NH$_2$, —H의 배열이 자연에 존재하지 않는 천연 아미노산의 거울상과 같게 된다. 아미노말론산의 양쪽 끝에 달려 있는 두 개의 —COOH는 대칭적

효소가 한 종류의 거울상체만을 선택적으로 반응시키는 모형

으로 동등한 것처럼 보이지만, 효소의 입장에서 볼 때는 오른
손과 왼손처럼 명백하게 구별이 된다.

　이제 생명체에서 일어나는 화학반응에서 왜 한 종류의 키랄
성 분자만이 참여하고 만들어지게 되는가를 이해할 수 있게 되
었다. 두 가지 거울상 이성질체를 모두 만들기 위해서는 두 가
지 효소가 모두 필요하다. 여기에 필요한 화학 제조장치를 만
들어서 가동하고, 또 중복된 유전정보를 후손에게 전달하기 위
해서는 적어도 두 배의 대사 에너지가 소모될 것이다. 두 가지

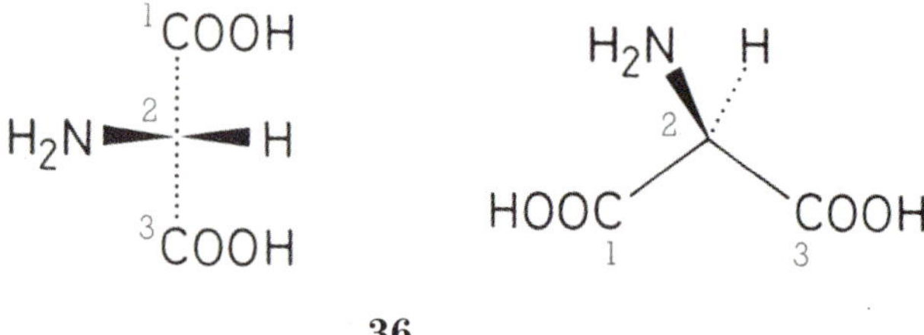

36

거울상 이성질체를 모두 취급할 수 있거나 한 가지 거울상 이성질체로부터 다른 거울상 이성질체로 변환시킬 수 있는 능력을 가진 효소도 몇 종류 알려져 있다. 만델레이트 라세미화 효소(mandelate racemase)는 생물학적으로 소모되는 분자와 생성되는 분자가 서로 거울상 이성질체의 관계를 가지고 있는 만델산의 거울상 이성질체를 서로 교환시켜주는 역할을 한다. 이 반응은 정반응과 역반응이 같은 정도의 속도로 일어나고 평형 상수가 1에 가까운 값을 갖는다. 이 효소는「우회전성」분자와「좌회전성」분자를 같은 효율로 처리할 수 있다.

루이스 캐롤(Lewis Carrol)의 작품《거울을 통하여(*Through the Looking Glass*)》는 반대의 키랄성을 가진 거울 속 세계로의 여행에 대한 이야기를 그리고 있다. 좌-우의 이분법을 다루고 있는 이 작품이 발간된 1872년은, 분자의 입체 모형을 이용해 물질의 광학적 특성을 설명한 반트 호프와 르벨의 논문이 발표되기 바로 2년 전이었는데, 이 사실을 우연의 일치라고 보기는 어렵다. 캐롤은 옥스퍼드의 크리스트 처치 대학 수학과 교수였던 찰스 루트위지 도지슨(Charles Lutwidge Dodgson, 1832~1898)의 필명인데, 그는 당시 화학자들의 관심을 모으고 있던 분자의 입체구조에 관한 최신 연구동향에 대한 이야기를 전해 들었을 것이다. 실제로 옥스퍼드 대학의 연구원으로 화학반응 속도에 대해 체계적인 연구를 처음으로 시작했던 오거스터스 조지 베르논 하코트(Augustus George Vernon Harcourt, 1834~1919)가 도지슨의 절친한 친구였다는 사실은 그런 추측을 뒷받침하고 있다. 특히 하코트는 당시에 발표되어 관심을 모으고 있던 요하네스 비슬리체누스(Johannes Wislicenus, 1835~1902)의 젖산에 대한 연구 결과를 도지슨에게 이야기한 것이

거울의 양쪽에서 본 앨리스(테니엘의 삽화)

틀림없다. 비슬리체누스는 우유를 발효시켜 만든 젖산이 근육 세포에도 포함되어 있지만, 우유에서 만든 젖산과 근육 세포의 젖산을 물에 녹이면 빛의 편광면을 서로 반대방향으로 회전시킨다는 사실을 발견했다. 그는 당시에 알려져 있던 분자의 구조에 대한 이론으로는 이 실험 결과를 설명할 수 없고, 특별한 기하학적인 모형이 필요하다는 점을 지적했다. 그는 1873년 발표한 논문에서 『이런 사실은 똑같은 구조식을 가진 이성질체들이 서로 다른 입체구조를 갖기 때문이라고 설명할 수밖에 없다』라고 지적했다. 반트 호프도 그의 이런 지적 때문에 탄소 원자에 결합된 원자들의 입체구조에 관심을 갖게 되었다는 점을 인정했다. 당시의 이런 사정으로 보아, 도지슨과 하코트가 함께 저녁식사를 하는 자리에서 이런 입체화학(stereochemistry) 문제가 화제로 등장하게 되었고, 여기에 흥미를 느낀 캐롤은 《거울을 통하여》라는 작품을 쓰게 되었을 것이다.

캐롤의 작품에 실린 테니엘의 삽화를 자세히 살펴보면 주변의 모든 것은 거울에 비치면서 오른쪽과 왼쪽이 바뀌었지만,

신기하게도 주인공 앨리스 자신은 전혀 변하지 않고 그대로 남아 있음을 알 수 있다. 그녀의 오른쪽은 거울 속에서도 여전히 오른쪽이고 왼쪽은 여전히 왼쪽이다. 그렇다면 앨리스를 구성하고 있는 모든 분자들의 입체구조도 좌우가 바뀌지 않고 그대로일 것으로 생각하는 것은 당연할 것이다.[31] 만약 이것이 사실이라면 앨리스에게는 참으로 안된 일이다. 거울 속에 비친 세상에서는 모든 것의 좌우가 바뀌었기 때문에 앨리스를 구성하고 있는 모든 분자들과 기본입자들은 주위의 다른 분자들과 어울릴 수 없는, 잘못된 키랄성을 가지게 된 셈이기 때문이다. 거울 속으로 들어가기 전에 앨리스는 고양이 키티에게 『거울 속으로 들어가면 더 이상 우유를 마실 수 없게 될지도 몰라』 하고 속삭이고 있다. 그녀의 대사 체계가 전혀 작동할 수 없게 된다는 점 이외에도 앨리스의 몸 속에 들어 있는, 좌우가 바뀌지 않은 효소는 거울 속에 비친 음식 분자를 흡수하지도 못하고 소화시키지도 못할 것이기 때문에 불쌍한 앨리스는 굶어죽을 수밖에 없게 된다. 어쩌면 이보다 훨씬 심각한 일이 벌어질지도 모른다. 물리학 이론에 의하면 키랄성이 다른 원래의 앨리스와 거울에 반사된 물질이 서로 만나게 되면 큰 폭발음이 생기고, 주인공 앨리스가 산산이 부서지면서 엄청난 양의 에너지가 방출되어버릴 것이다.

1956년까지만 해도 대부분의 과학자들은 자연의 기초가 되는 물리 법칙은 당연히 반사에 대해 대칭일 것이라고 믿었다. 고전적인 만유인력과 전자기 상호작용은 분명히 거울상 대칭이고, 이와 비슷하게 다른 모든 형태의 상호작용도 그럴 것이라고 생각했다. 물리의 기본법칙이라고 생각했던 「반전성(反轉性, parity) 보존의 법칙」은 바로 그런 생각에서 얻어진 것이었

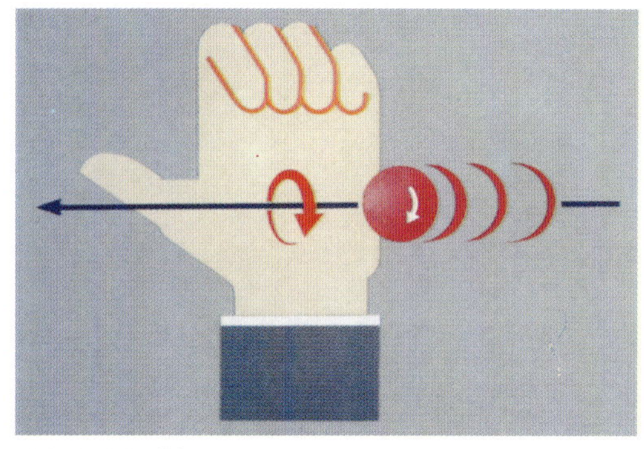

다. 1956년 중국계 미국인 물리학자였던 첸닝 양(Chen Ning Yang)과 청다오 리(Tsung Dao Lee)는 소립자 세계에서는 그런 법칙이 성립하지 않을 것이라고 처음으로 주장했고, 방사성 원자핵의 β붕괴와 같은 입자의 붕괴가 일어날 때 「반전성 상실」이 나타날 것이라고 예측했다(β붕괴가 일어나면 방사성 원자핵이 전자를 방출하면서 원자번호가 증가한다). 이들의 예측은 곧 실험적으로 확인되었고, β붕괴에서 발생되는 전자도 대부분 좌회전성임이 밝혀졌다〔전자는 「스핀(spin)」이라고 하는 고유의 성질을 가지고 있고, 스핀의 방향은 전자가 진행하는 방향에서 왼나사와 같은 쪽임이 실험으로 확인되었다〕. 이런 사실은 가장 기본적인 입자들 사이에 존재하는 「약한 상호작용」에서부터 반전성 상실이 일어나고 있음을 뜻한다.

이런 소식은 당시의 물리학자들에게는 놀라운 것이었다. 특히 볼프강 파울리(Wolfgang Pauli, 1900~1958)가 이런 주장을 인정하지 않았던 사실은 널리 알려져 있다. 양과 리의 주장을 입증할 수 있는 실험준비가 완료되었다는 소식을 전해들은 파울리는 『신(神)이 약한 왼손잡이라고는 믿을 수 없다. 이 실험의 결과는 대칭적일 것이 확실하다』라고 했다. 그러나 물리법칙에서의 대칭성을 믿었던 파울리가 이 경우에는 실수를 했다. 그러나 이 소식은 20여 년 전에 이미 「반물질(反物質, anti-matter)」의 존재를 예측했었던 폴 애드리안 모리스 디락(Paul Adrian Maurice Dirac, 1902~1984)에게는 전혀 놀라운 것이 아니었다. 디락은 1949년 『지금까지 알려진 모든 물리법칙이 반사에 대해 대칭인 것은 사실이지만 물리법칙이 반드시 대칭이어야만 할 근본적인 이유는 없다고 생각한다』라고 말했었다.[32] 그는 더 나아가서 물리법칙이 무한히 작은 변화를 일으킬 수 있는 회전이나 이동에 대해서는 불변이어야 하겠지만, 반사의 경우에는 그럴 필요가 없다는 점을 명백히 밝혀냈다. 이렇게 해서 디락은 회전과 반사 또는 단순회전 대칭조작과 회전반사 대칭조작이 근본적으로 다르다는 점을 밝혔다. 디락은 이런 모든 사실을 사람들이 놀랄 정도로 직선적이고 단순한 논리를 이용해 증명했다.

약한 상호작용(weak interaction) 수준에서 반전성 상실이 밝혀짐에 따라 키랄성이 생화학적으로 중요한 역할을 하게 되는 이유도 설명할 수 있게 되었다. 이제 원자는 공 모양의 대칭성을 가지고 있다는 생각을 더 이상 할 수 없게 되었다. 대칭성 상실이 일어나는 약한 상호작용 때문에 서로 거울상의 관계를 갖는 거울상 이성질체들의 에너지는, 매우 근소하기는 하지만 약간의 차이가 있으므로 한쪽이 다른 쪽보다 조금 더 안정하게 된다. 천연 분자인 L-아미노산이나 D-당(糖, sugar)이 그들의 거울상 이성질체보다 더 낮은 에너지를 가진 안정한 형태라는 사실은 이론적 계산으로도 확인되었다. 그러나 거울상 이성질체 사이의 에너지 차이는 매우 작아 상온에서 두 종류의 분자 10^{18}개가 혼합되어 있을 경우 안정한 이성질체가 불안정한 것보다 한 개 정도 더 많을 뿐이다. 실제로 10^{18}개의 동전을 던질 때 앞면과 뒷면이 정확하게 같은 숫자만큼 얻어질 가능성은 매우 낮다. 통계학 이론에 의하면 앞면과 뒷면이 나오는 수의 차이가 표준편차 범위에서 벗어날 확률은 약 1/3이나 된다. 동전을 던지는 경우에 표준편차는 대략 동전을 던지는 숫자의 제곱근에 해당하는 10^9다. 따라서 약한 상호작용의 비대칭성에 의해 나타나는 두 이성질체의 에너지 차이는 아무런 문제가 안 될 것처럼 보이기도 하지만, 생물체는 매우 오랜 기간에 걸쳐서 진화를 거듭해왔고 그 과정에는 10^{18}보다 훨씬 더 많은 수의 분자가 참여해왔다. 만약 생명이 오랜 기간 동안의 진화를 거치지 않고 존재했다면 거울의 어느 한쪽에 해당하는 이성질체만 출현했겠지만, 어느 쪽이 나타나게 되었을지는 전혀 알 수 없었을 것이다. 이런 의문은 아직도 풀리지 않고 있다.

앨리스가 거울 속에 반사된 세계로 여행할 수 있다는 생각은 매우 실질적인 문제와 관련된 의문을 제기했고, 그런 의문으로부터 매우 중요한 소득을 얻게 되었다. 오늘날 화학자들은 실험실에서 어떻게 하면 「우회전성」 분자로부터 「좌회전성」 분자를 합성할 수 있는가를 알아내었다. 즉 앨리스처럼 키랄성 분자를 거울 속의 세계로 반사시킬 수 있게 되었다. 그 원리를 설명하기 위해서는 먼저 약간의 초보적인 지식이 필요하다.

지금까지는 화학적 변환이 실제로 진행되는 과정은 무시하고 반응물질과 생성물질의 구조와 대칭성만을 생각했다. 반응에 참여하는 분자들이 어떻게 서로 접근하고, 그 원자들의 상대적인 위치가 어떻게 바뀌며, 그 후 어떻게 생성물질로 떨어져 나가는가를 「반응 메카니즘(mechanism)」이라고 한다. 분자의 입체구조를 나타내는 간단한 모형은 반응 메카니즘을 이해하는 데에도 큰 도움이 된다. 반응 메커니즘을 알아내기 위해서는 입체적인 분자 모형은 물론, 공간에서 분자들의 상대적인 위치에 대한 정보도 필요하다. 앞에서 언급했던 고댕은 반응 메카니즘에 대해 당시의 화학자들보다 훨씬 앞선 아이디어를 가지고 있었다. 그는, 예를 들어 C_3 회전축을 가진 삼각뿔 모양의 분자가 C_4 회전축을 가진 사각 피라미드형 분자로 변환 되는 반응이 그림과 같이 일어 나게 될 것이라고 제안했다. 이 반응에서는 생성물이 반응물보다 대칭성이 높아지게 된다.

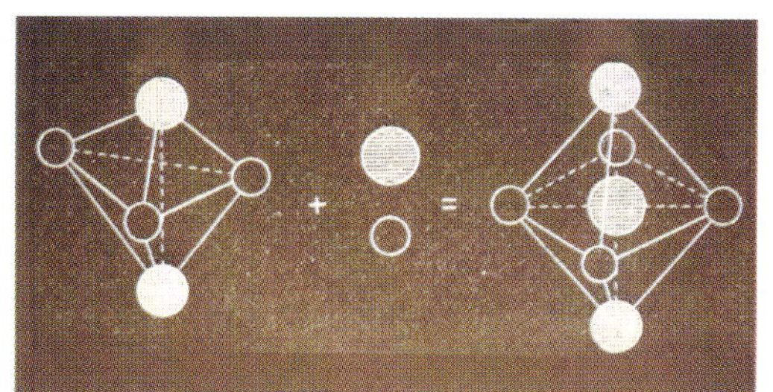

고댕이 제안한 반응 메카니즘

　이제 키랄성 분자들 사이의 반응 메카니즘 문제를 계속 살펴 보기로 하자. 가장 간단한 키랄성 분자는, 서로 다른 네 종류의 원자가 평면이 아닌 입체구조를 가지는 경우다. 서로 다른 종 류의 원자 네 개가 정사면체의 꼭지점을 차지하는 경우가 바로 그런 예다. 이런 정사면체 모양의 분자는 미학적인 관점에서도 아름답다고 할 수 있다.

　왼쪽 이성질체를 오른쪽 이성질체로 변환시키기 위해서는 네 개의 원자 중 어느 하나를 다른 세 개의 원자로 이루어진 평 면을 통과시켜 반대 쪽으로 옮겨야 한다(왼쪽 그림에는 한 원 자를 옮겨가는 몇 가지 방법을 표시했다). 원자를 옮기는 과정 에서 옮겨가는 원자가 평면을 통과하는 순간의 위치를 작은 동

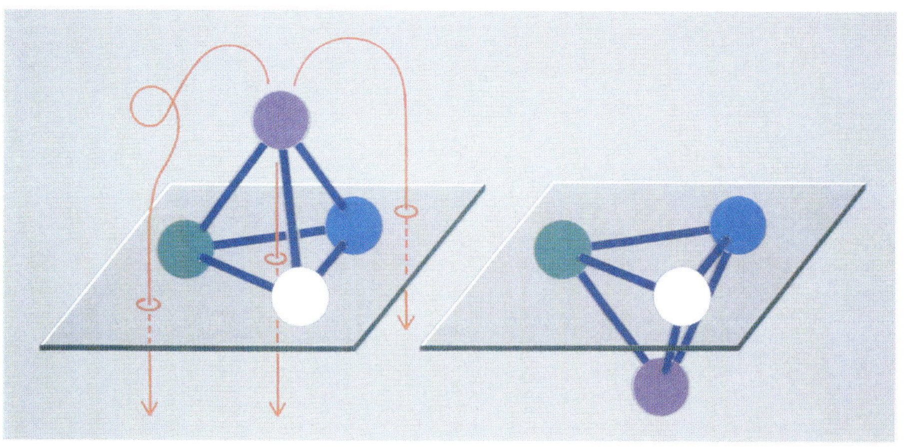

사면체 분자가 거울상 이성질체로 변환되는 메카니즘

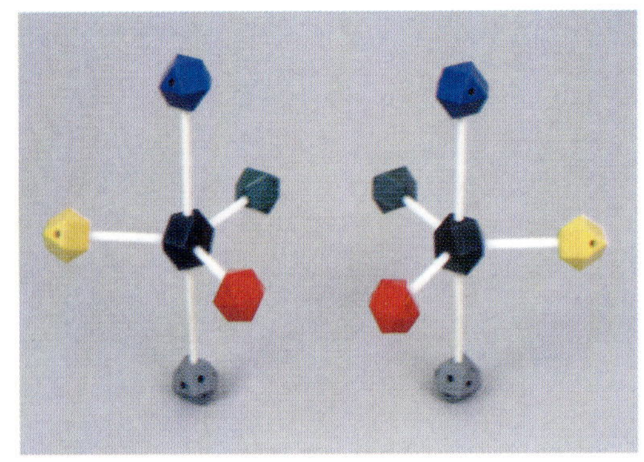

삼각쌍뿔 모양의 거울상 이성질체

그라미로 나타냈다. 화학반응이 일어나는 중간에 분자의 모양이 이렇게 변형된 상태를「전이 상태」라고 부른다. 전이 상태에서는 네 개의 원자가 포함된 평면이 바로 거울면이 되기 때문에 원래 분자와는 달리 σ반사면이라는 대칭요소를 갖게 된다. 거울면의 앞쪽에 있는「좌회전성」분자에서 거울면의 뒤쪽에 있는「우회전성」분자로 옮겨가는 중간에 모든 원자가「거울면」에 대칭적으로 배열하는 상태를 지나가게 될 것은 극히 당연한 것처럼 보인다. 그러나 실제 분자에서의 이런 변화가 지금까지 설명한 것처럼 그렇게 단순하게 일어나는 것은 아니다.

위 그림은 삼각쌍뿔(trigonal bipyramid)의 중심에 인(燐) 원자가 위치하고 다섯 개의 꼭지점에 서로 다른 종류의 원자가 결합된 경우다. 만약 삼각쌍뿔의 중간에 위치한 세 개의 꼭지점에 같은 종류의 원자가 결합되어 있으면 수직 축은 C_3 회전축이 되고 수직 방향으로 세 개의 대칭면이 된다. 그러나 꼭지점에 결합된 다섯 개의 원자가 모두 다를 경우에는 아무런 대칭요소도 없고, 오른쪽의 분자가 왼쪽 분자의 거울상이 되는 것은 명백하다. 이런 경우에 왼쪽 분자가 오른쪽 분자로 변화되는 반응은 어떤 과정을 통해 일어나게 될까?

그런 반응이 일어날 수 있는 방법은 여러 가지가 있다. 그 가운데 실제로 일어나는 반응은 아니지만 중간에 위치한 원자와 수직 축에 위치하는 원자가 서로 바뀌게 되는 것이 이런 반응의 특징을 가장 잘 보여주는 것이다. 다음 그림에서와 같이 두 원자쌍을 연결하는 선의 중심과 삼각쌍뿔의 중심 원자를 잇는 가상적인 축에 대해 180° 회전시키면 두 원자가 서로 교환되고, 왼쪽의 이성질체에서 시작해서 이런 교환작업을 세 번 연속적으로 반복하면 오른쪽의 이성질체가 된다. 이 반응이 실제로 일어나는 과정은 훨씬 더 복잡한데, 중간에 위치한 세 개의 원자 중 한 원자는 중심축 역할을 하면서 전혀 움직이지 않고 나머지 두 개의 원자가 수직 축으로 옮겨가게 된다. 그렇지만 이 경우에도 역시 세 번의 교환작업이 필요하다는 점은 같다.

그러나 사면체 분자의 경우와는 달리 삼각쌍뿔 분자의 변환과정에서는, 여섯 개의 원자가 대칭요소를 갖게 되는 전이 상태가 전혀 존재하지 않는다는 사실을 주목할 필요가 있다. 즉 이 변환은 거울면을 지나지 않고도 거울의 앞면에서 뒷면으로 옮겨갈 수 있다는 놀라운 사실을 보여주고 있다. 즉 우리의 직관과는 달리 거울면을 통과하지 않고도 거울상의 세계로 들어갈 수 있는 길이 있다는 뜻이다. 더욱이 지금까지 밝혀진 결과에 의하면「좌회전성」분자와「우회전성」분자 사이의 변환반응이 대부분 이런 의외의 메커니즘으로 일어난다. 아마도 자연은 이런 의외의 경로를 좋아하는 듯싶다.

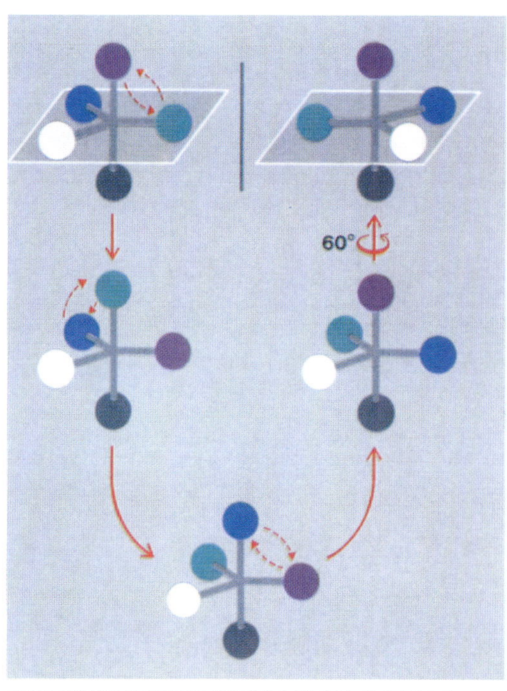

키랄성 삼각쌍뿔 분자를 거울상 이성질체로 변환시키는 가상적인 과정

숲 속의 빈터

오른쪽과 왼쪽을
구별하지 못하는
사람들이라도
옳고 그름을 구별 못하는
것은 아니다.

-에른스트 얀들*(Ernst Jandl)-33)

---

* 역자주 : 얀들의 시에서는 의도적으로 R(Rechts, 오른쪽)과 L(Links, 왼쪽)을 바꾸어
사용했음.

8. 대칭과 시간

감각적 느낌인 「대칭성」을 정량적으로 이해하기 위해서 σ와 C_2와 같은 대칭조작의 개념을 도입했다. 「대칭조작」은 분자와 같이 주어진 대상을 「그 자신」으로 되돌아가도록 변환시키는 조작을 뜻한다. 따라서 대칭조작을 하고 난 후의 대상은 처음과 아무런 차이도 없게 된다. 삼각쌍뿔과 같이 기하학적인 모형으로 표현되는 이상적인 대상의 경우나 순전히 사고(思考) 실험의 수준에서는 이런 정의에 아무런 문제가 없으며, 우리가 지금까지 살펴본 예들은 모두 그런 경우였다. 분자는 명백한 구조를 가지고 있으므로 완벽한 대칭성을 찾을 수 있다고 생각했으며, 화학반응에 참여하는 반응물질(reactant), 생성물질(product), 반응 중간물질(intermediate) 등도 모두 마찬가지로 생각했다. 특히 반응 중간물질의 경우에는 반응 메카니즘에 따라 움직이고 있는 원자들이 어느 순간에 갑자기 멈추어 버린 상태라고 여겼다. 그러나 실제 분자의 구조와 화학반응에서 일어나는 변화를 그렇게 단순히 이해할 수는 없다. 대칭조작을 하기 전의 상태와 후의 상태가 같다는 사실을 과연 어떻게 알아낼 것인가를 생각해보면, 그 이유를 짐작할 수 있다.

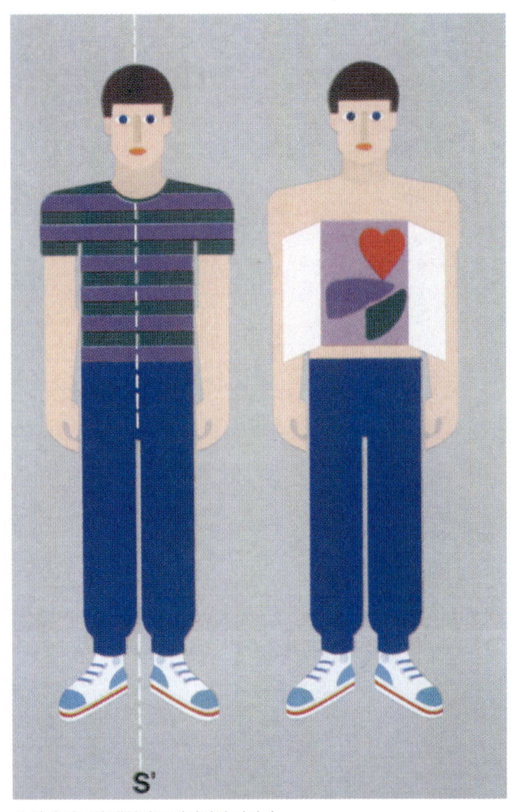

소년의 겉보기 대칭성은 피상적인 것이다.

어떤 조작이 과연 대칭조작이 될 수 있는가는 관찰의 「깊이」에 따라 달라진다는 사실을 간단한 예를 이용해 설명해보기로 한다. 사람의 모습을 언뜻 살펴보면 양쪽이 대칭인 것처럼 보인다. 즉 사람의 모습은 그림에서와 같이 평면 S′에 대한 반사에 해당하는 대칭조작을 가진 것처럼 보인다. 그렇지만 해부학자들처럼 몸 속을 들여다볼 수 있다면, 완전히 비대칭적으로 위치하고 있는 심장을 비롯한 각종 장기 때문에 겉모습과는 전혀 달라 「반사」는 대칭조작될 수 없다.

불가사리도 겉보기에는 C_5 ($360°/5 = 72°$ 회전) 대칭조작을 가지고 있는 것처럼 보이지만, 동물학자처럼 불가사리를 잘라보면 기껏해야 양쪽성 대칭, 즉 거울 대칭을 가지고 있을 뿐이다. 불가사리를 분자 수준에서 살펴보면 대칭성은 더욱 낮아질 것이다.

이처럼 회전이나 반사의 대칭조작 여부는 처음과 끝, 즉 처음과 조작 결과를 어떻게 비교하는가에 따라 결정된다. 그렇지만 「어떻게」라는 비교방법을 우리 마음대로 조절할 수 없는 경우도 있다. 앞에서 설명했던 꽃병의 경우도 그런 예다. 무늬가 새겨진 꽃병을 $180°$ 돌리면 무늬가 뒤쪽으로 돌아가서 앞쪽에

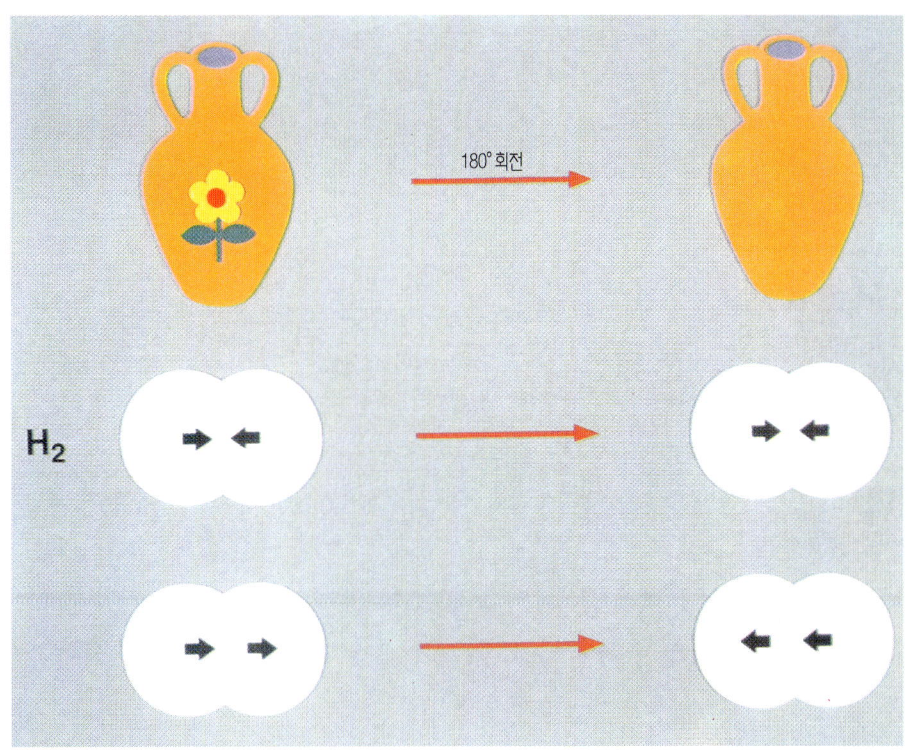

꽃병과 수소 분자의 겉보기 대칭성은 관찰방법에 따라 결정된다

서는 더 이상 그 무늬를 볼 수 없게 된다.

이 경우에도 $180°$ 회전을 C_2 대칭조작이라고 할 수 있을까? 그 대답은 꽃병을 밝은 곳에서 보는가 또는 어두운 곳에서 보는가에 따라 결정된다. 밝은 곳에서 보면 처음 상태와 나중 상태가 명백히 다르기 때문에 이 회전은 대칭조작이라고 할 수 없다. 그러나 어두운 곳에서는 꽃병이 보이지 않으므로 손으로 더듬어보아야만 전체적인 윤곽을 알아낼 수 있다. 그러나 손으로 만져서는 무늬의 존재를 알 수 없기 때문에 무늬의 위치와는 상관 없이 윤곽만으로 꽃병의 모습을 짐작하게 된다. 이런 경우에는 $180°$ 회전이 대칭조작이 될 수 있다. 또한 앞을 보지 못하는 사람에게는 꽃병이 밝은 곳에 있든 어두운 곳에 있든 상관 없이 $180°$ 회전이 대칭조작이 될 것이다.

분자의 경우에도 이럴 수 있을까? 가장 단순한 분자라고 할 수 있는 수소 분자 H_2의 경우도 그런 예다. 이 분자의 전자 구름은 매우 높은 대칭성을 가지고 있다. 특히 공 모양의 원자 모형을 이용하는 경우에 180° 회전은 두 원자핵의 단순한 교환에 해당한다. 분자의 화학적 성질은 주로 전자 구름의 모양에 따라 결정되기 때문에 화학자들은 H_2를 C_2 회전대칭을 가진 대칭적인 분자라고 생각한다. 그렇지만 수소 원자의 원자핵은 작은 자석과 같은 성질을 가지고 있으므로 그림에서처럼 원자핵의 자기적 성질을 북극을 향한 화살표로 표시할 수 있다. 따라서 두 개의 수소 원자가 모여 수소 분자를 만드는 경우에 두 핵자석의 방향에 따라 두 가지 수소 분자가 만들어지게 된다. 즉 두 핵자석의 방향이 반대인 경우에는 「파라 수소(para-hydrogen)」가 되고, 같은 경우에는 「오르토 수소(ortho-hydrogen)」가 된다. 파라 수소의 경우에는 180° 회전시키면 두 핵자석의 방향이 처음과 같아지기 때문에 180° 회전은 대칭조작이 된다. 그러나 오르토 수소의 경우에는 두 핵자석의 방향이 뒤집어지므로, 외부에서 자기장을 걸어줄 경우에는 회전하기 전의 수소와 회전한 다음의 수소 분자를 구별할 수 있게 된다. 따라서 핵자석의 방향을 알아볼 수 있는 관찰방법을 사용하는 경우에는 오르토 수소가 파라 수소보다 대칭성이 더 낮은 것처럼 보일 것이다.

분자의 경우에도 꽃병과 같이 관찰방법이 중요하다. 전자 구름만을 만질 수 있는 「눈 먼」 화학자에게는 수소 분자가 매우 대칭적으로 느껴질 것이고, 그 대칭성은 다른 분자와의 반응에 영향을 미치리라고 생각할 것이다. 그러나 자기적(磁氣的) 성질을 함께 「관찰」할 수 있는 물리학자나 물리화학자에게는 두

도리스 샤츠슈나이더(Doris Schattschneider)와 월리스 워커(Wallace Walker)가 디자인한, 에셔 무늬가 그려진 플라톤 입체[34]

종류의 수소 분자가 있는 셈이다. 그 중 하나는 화학자들이 좋아하는 대칭성이 높은 수소 분자이고, 다른 하나는 대칭성이 낮은 것이다. 실제로 자연에 존재하는 수소 분자 중에는 대칭성이 낮은 오르토 수소가 대칭성이 높은 파라 수소보다 세 배정도 더 많이 존재한다. 관찰방법에 따라 대칭성이 달라진다는 사실은 미학적인 관점에서도 매우 흥미로운 것이다. 에셔의 무늬로 장식된 플라톤 입체 자체는「촉각적」으로는 완전한 대칭성을 띠고 있지만, 표면에 그려진 무늬 때문에「시각적」으로는 대칭성이 낮은 것처럼 보인다. 이와 같은 차이에서 생기는 매력을 부정할 수 있는 사람은 그다지 많지 않을 것이다.

지금까지의 설명에서는 고려하지 않았지만 화학에서의 대칭성 중 또 하나의 핵심요소는「시간」, 더 정확히 말해 관찰에 필요한「시간 간격」이다. 이것도 꽃병의 예에서 쉽게 설명할 수 있다. 꽃병이 수직 축을 중심으로 일정한 속도로 회전하고 있

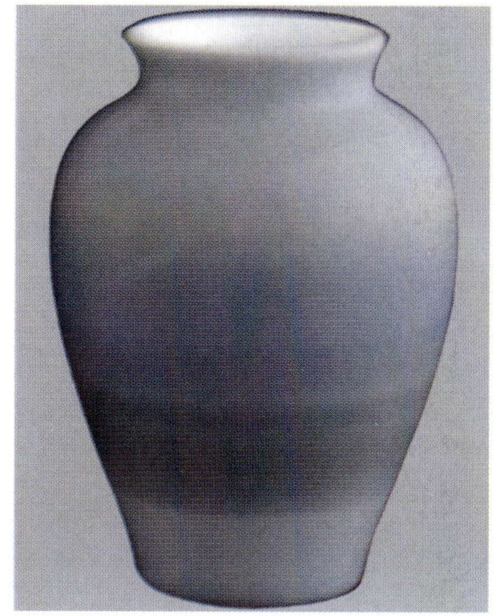

회전하는 꽃병을 플래시를 사용하여 찍은 사진과 긴 노출 시간으로 찍은 사진

는 경우를 생각해보자. 즉 꽃병을 일정한 속도로 돌고 있는 전축의 중심에 올려놓고 카메라로 사진을 찍는 경우다. 이 때 카메라의 플래시를 사용하여 찍은 모습과 카메라의 조리개를 꽃병이 몇 바퀴 돌아가는 동안 열어놓은 상태에서 찍은 모습은 그림과 같이 전혀 다르다.

플래시를 사용하는 경우처럼 관찰 시간이 꽃병의 회전 시간보다 대단히 짧으면 꽃병의 중심을 지나는 평면에서의 반사만을 볼 수 있기 때문에 대칭성이 낮아진다. 그렇지만 노출 시간이 회전주기보다 대단히 긴 경우에는 꽃병이 회전대칭을 가진 것처럼 되어 겉보기에는 대칭성이 높은 것처럼 보인다. 이와 같이 관찰에 걸리는 시간에 따라 대칭성이 달라지는 것은 화학자들에게 매우 중요하다.

시클로헥산 분자는 베이어가 오래 전에 주장했던 것처럼 평면이 아니고, 작스가 제안했던 것과 같이 구부러진 입체 모양이라는 점은 이미 설명했다. 다음 그림은 의자 형태의 분자 모양을 나타낸 것으로, 열두 개의 수소 원자를 흰색과 붉은색으

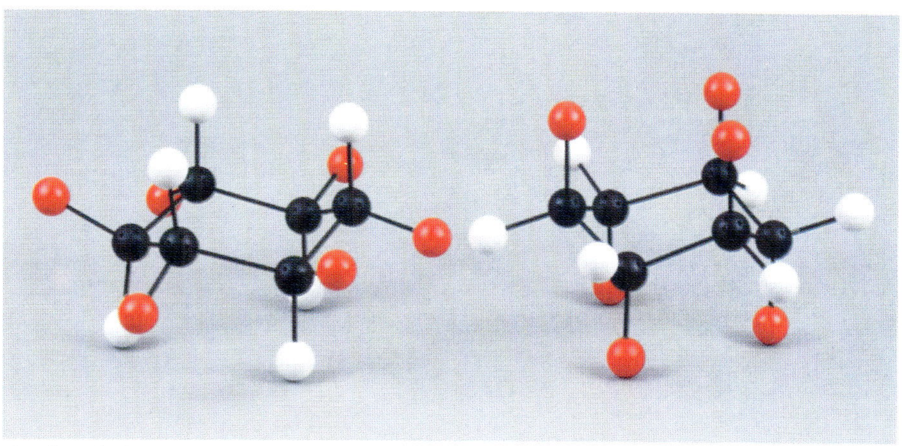

로 구별해서 표시했다. 흰색의 수소 원자는 하나씩 번갈아가면서 탄소 원자의 아래와 위에 위치하고 있으므로 C—H 결합은 수직 방향인 C_3축과 평행이 된다. 그러나 붉은색으로 나타낸 수소 원자는 대체로 고리를 형성하는 탄소와 같은 평면 부근에 위치해 있다. 따라서 이들을 각각 「축방향(axial)」 수소와 「적도방향(equatorial)」 수소라고 부른다.

시클로헥산 분자에서는 **37**에 나타낸 것처럼 탄소 원자들이 움직여서 고리 전체가 뒤집어질 수 있다(여기에서는 수소 원자를 표시하지 않았다). 이런 고리 뒤집힘이 일어날 수 있다는 사실은 분자 모형을 이용하면 쉽게 확인할 수 있다.

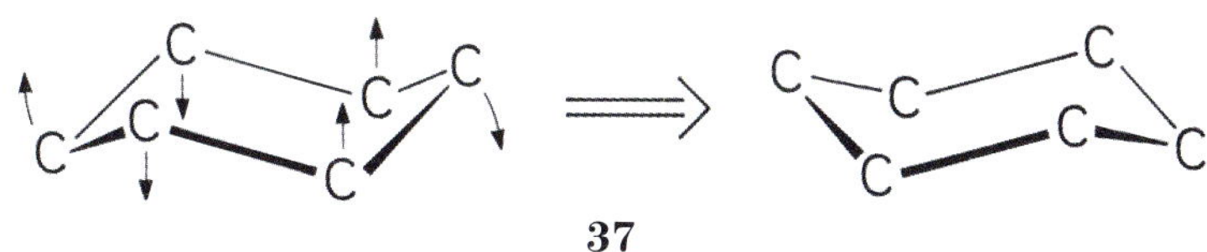

37

시클로헥산의 고리가 뒤집히면 두 종류의 수소 원자들도 그 방향이 바뀐다. 즉 처음에 적도방향을 향하고 있던 흰색으로 표시된 수소 원자는 축방향으로 바뀌게 되고, 처음에 축방향을 향하고 있던 붉은색으로 표시된 수소 원자는 적도방향으로 향하게 된다. 모어의 실험에서 치환된 시클로헥산 유도체의 이성

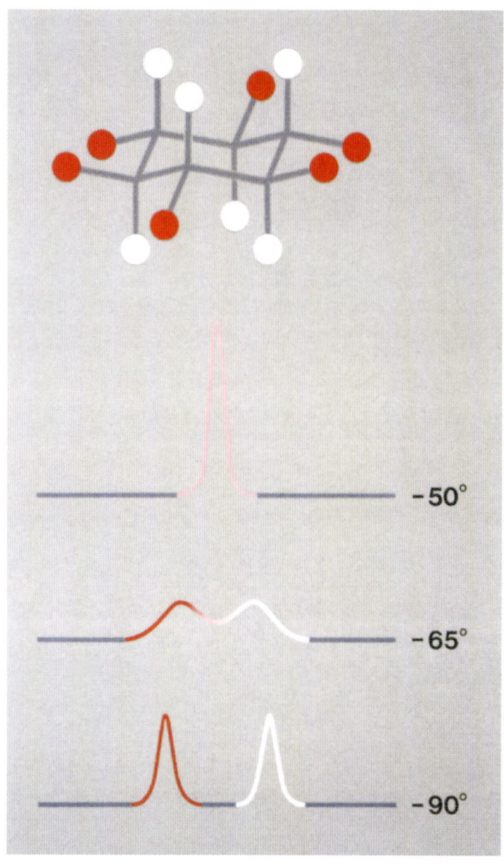

온도에 따른 시클로헥산의 적도방향(붉은색)과 축방향(흰색) 수소 원자핵에 의한 핵자기공명 신호

질체가 분리되지 않았던 이유는 바로 이 고리 뒤집힘 때문이었다. 즉 축방향의 수소가 치환된 분자와 적도방향의 수소가 치환된 분자가 빠른 고리 뒤집힘으로 동적 평형(動的平衡, dynamic equilibrium)을 이루고 있기 때문에 두 이성질체 가운데 에너지가 낮은 안정한 형태의 이성질체만이 분리된다.

「핵자기공명분광법(nuclear magnetic resonance : NMR)」이라고 불리는 물리적 실험방법을 이용하면 서로 다른 환경에 있는 두 종류의 수소 원자를 구별할 수 있다. NMR에서 수소 원자가 만들어내는 뾰족한 모양의 신호가 나타나는 위치는 수소 원자 주변의 환경에 따라 달라지고, 신호의 크기는 같은 환경에 있는 수소 원자의 수에 비례한다. NMR로 얻은 시클로헥산 분자의 스펙트럼을 간단히 나타내면 위 그림과 같다. 붉은색으로 표시된 신호가 적도방향의 수소에 의한 것이고, 흰색으로 나타낸 신호가 축방향의 수소에서 만들어진 것이다. NMR 실험은 분자의 뒤집힘이 일어나는 속도와 비교하면 비교적 「느린」 실험으로 앞에서 설명했던 회전하는 꽃병을 노출 시간이 상당히 긴 카메라로 찍는 경우에 해당한다. 축방향과 적도방향 수소 원자의 깨끗한 「사진」을 얻기 위해서는 뒤집힘의 속도를 늦추어야만 한다. 다행히 뒤집힘의 속도는 온도에 따라 달라지기 때문에 시클로헥산을 섭씨 영하 $90°$로 냉각시키면 두 종류의 신호가 명백히 구별되는 스펙트럼을 얻을 수 있다.

온도를 높이면 시클로헥산 분자가 뒤집히는 속도가 빨라지기 때문에 빠르게 회전하는 물체의 사진과 같이 스펙트럼에서의 신호의 모양이 뭉그러진다. 섭씨 영하 $65°$에서의 스펙트럼에서 그런 현상을 볼 수 있다. 온도를 더 높여 섭씨 영하 $50°$ 이상이 되면 뒤집힘 속도가 너무 빨라져「노출 시간」동안에도 분자는 수없이 뒤집어진다. 이렇게 되면 분자의「평균」모양만을 관찰할 수 있게 되고, 두 종류의 수소 원자는 더 이상 구별되지 않는다. 위에서 살펴본 섭씨 영하 $50°$에서의 스펙트럼이 그런 경우다.

이제 우리는 대칭성에 대해 상당히 혼란스러운 상태에 빠지고 말았다. 매우 낮은 온도에서 측정한 스펙트럼을 보면 시클로헥산에는 축방향과 적도방향의 두 가지 수소 원자가 있는 것이 확실하기 때문에 시클로헥산은 C_3 대칭축을 가진, 비교적 대칭성이 낮은 분자처럼 보인다. 그러나 높은 온도에서는 같은 측정방법을 사용하더라도 열두 개의 수소가 모두 동등한 것처럼 보이기 때문에 단단하고 휘어지지 않는 분자 모형으로 생각한다면 대칭성이 높은 육각형 분자처럼 된다. 그러나 이런 결론은 사용하는 측정방법이 분자의 흐릿한「평균」모양만을 보여줄 수 있는 느린 것이기 때문에 나타나는 인위적인 현상이고 어느 것도 정확한 진실이라고 할 수는 없다.

지금까지 우리는 회전이나 반사와 같은 조작 전후의 상태가 같은 것인가를 결정하는 방법에 따라 결론이 달라질 수 있음을 보았다. 측정방법과 실험조건에 따라서 그럴 수도 있고 그렇지 않을 수도 있으며, 경우에 따라서 두 대답이 모두 의미를 가진다고 할 수도 있다. 즉 무엇을 알고 싶어하는가와 분자의 특성 중 무엇에 관심을 가지고 있는가에 따라 어느 대답이 옳은 것인가를 판단해야 한다.

지금까지 우리는 분자를 꽃병이나 단검 또는 사탕과 같이 모양이 일정한 단단한 대상이라고 생각했다. 그러나 이런 생각이 항상 진실과 일치하는 것은 아니며, 경우에 따라서는 전혀 틀린 것일 수도 있다. 모든 분자는 어느 정도의 유연성을 가지고 있다. 분자를 이루고 있는 원자는 평형 위치 부근에서 진동하고 있으며, 어떤 때에는 그 진동 폭이 상당히 큰 경우도 있기 때문에 분자의 「구조」라는 개념을 적용하는 것조차 어려운 경우도 있다. 어느 정도 단단한 분자의 경우에는 대칭성을 비교적 쉽게 결정할 수 있다. 그렇지만 유연한 분자의 경우에는 분자의 특성을 관찰할 때의 온도와 관찰에 필요한 「노출 시간」을 함께 고려해야 한다. 예를 들어, 시클로헥산은 낮은 온도에서는 두 종류의 수소 원자를 가지고 있는 것처럼 보이지만, 높은 온도에서는 매우 빠른 속도로 전환되는 두 구조의 「평균」만이 관찰된다.

또 다른 예를 들기 위해 다섯 개의 꼭지점에 모두 다른 원자가 결합된 삼각쌍뿔 모양의 분자로 되돌아가보자. 분명히 이런 분자는 아무런 대칭성도 없다. 그러나 앞에서 설명한 것처럼 적도방향과 축방향의 치환체가 빠르게 교환되는 경우에는 분자의 평균 모양이 삼각쌍뿔의 대칭성을 모두 가지고 있는 것처럼 보인다. 물론 이런 경우에는 물리적으로는 불가능하지만 수학적으로는 하나의 꼭지점에 각각의 원자가 1/5씩 존재하는 것처럼 보인다.

　단단하지 않은 분자의 대칭성에는 또 다른 문제가 있다. **38**과 같이 나타낸 톨루엔(toluene) 분자는 거울 대칭면만 가지고 있는 것처럼 보인다. 메틸기(methyl, —CH_3)에 있는 두 개의 수소 원자를 제외하면 모든 원자는 하나의 평면에 놓여 있는 것처럼 보이고, 이 평면의 아래와 위에 위치한 두 개의 수소 원자는 반사 대칭조작에 대해 동등하다고 할 수 있다. 따라서 수소 원자 H_b와 H_c는 대칭적인 관점에서는 서로 동등하고, H_a와는 분명히 구별된다.

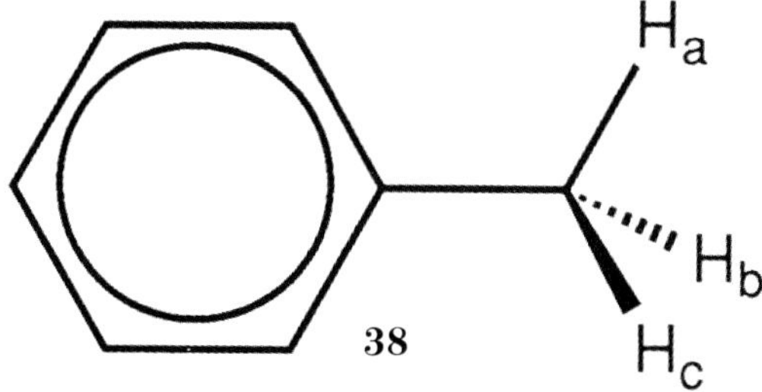

　이제 고리와 메틸기를 연결하는 C—C 결합을 중심으로 메틸기를 120° 회전시켜 세 개의 수소가 서로의 위치를 바꾸게 되는 경우를 생각해보자. 만약 세 개의 수소 원자가 구별할 수 없게 서로 동등하다면 이런 조작으로 분자는 다시 제자리로 돌아간 셈이 될 것이다. 따라서 제5장에서 이미 설명했듯이 이와 같은 회전을 하기 전의 상태와 한 후의 상태를 구별할 수 없으므로 이「내부 회전(內部回轉, internal rotation)」은 대칭조작이 될 것이다. 그렇지만 이런 내부 회전이 지금까지 살펴보았던 회전이나 반사 또는 반전과는 조금 다른 특성을 가지고 있다는 점을 부정할 수 없다. 즉 지금까지의 대칭조작에서는 내부의 상대적인 위치에는 변함 없었지만, 내부 회전에서는 대상의 한 부분과 나머지 부분의 상대적인 위치가 달라지게 된다는

내부 회전에 의한 대칭성을 보여주는 풍차.
풍차 전체는 아무런 대칭성도 가지고 있지 않지만, 날개를 90° 의 배수만큼 회전시키면 풍차는 제자리로 되돌아온다.,

것이다.

또한 좌표계의 변환으로 생각할 수 있는 회전이나 반사와 같은 보통의 대칭조작과는 달리 톨루엔에서 메틸기의 내부 회전은 단순한 좌표계의 변환이라고 생각할 수 없다. 이 문제를 더 깊이 분석하면 매우 심각한 어려움에 부닥치게 되고, 이 문제는 아직도 완전히 해결되지 않고 있다.

9. 결정의 대칭성

루지카의 말처럼 오래 전부터 화학자들은 결정(結晶, crystal)을 그저 「화학적 무덤」으로 생각하고 별 흥미를 보이지 않았다. 그러나 현대 고체화학과 고체물리가 발달하고, 고체의 반응성과 동력학적 성질이 현대 기술의 발달에 매우 중요하다는 사실이 인식되기 시작하면서 이런 생각은 완전히 바뀌게 되었다. 플라스틱 재료와 전자공학을 생각해보면 현대 기술에서 고체가 얼마나 중요한 역할을 하고 있는가를 쉽게 납득할 수 있을 것이다. 그저 귀찮은 것으로 여겨지던 고체에서의 화학반응이, 이제는 수백 명의 학자들이 참여하는 국제학술회의가 끊임없이 개최될 정도로 활발하게 연구되는 분야인 고체화학으로 발전된 것이다.

그러나 루지카가 말했던 「화학적 무덤」이라는 말에는 명백한 의도가 포함되어 있다. 결정을 이루고 있는 분자는 주변의 분자들과 정연하게 줄을 맞추고 있다. 결정 속의 분자들이 전혀 움직이지 않고 있는 것은 아니지만, 그 움직임의 정도는 용액이나 기체 상태의 분자들이 보여주는 마주르카(mazurka)*와는

---

* 역자주 : 폴란드의 경쾌한 댄스.

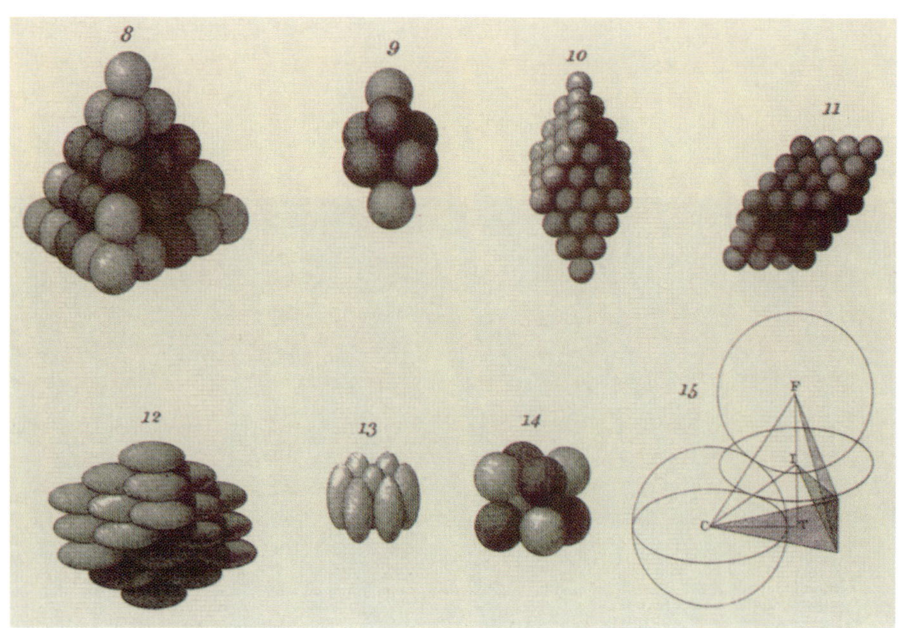

울러스톤이 베이커리안 강연에서 제시했던 다양한 쌓음 구조[11]

아주 다르다. 결정의 성질은 결정을 구성하는 분자의 구조는
물론 분자들의 배열방법, 그리고 심지어는 분자 배열에서 나타
나는 결함(缺陷, defect)이나 흐트러짐에 따라서도 달라진다.
이제 결정에서 분자들의 상대적인 위치가 전체 결정의 구조와
대칭성 사이에 어떤 관계가 있는가를 살펴보기로 한다. 앞에서
는 둥근 공들이 밀집하여 쌓인 구조와 금속의 구조를 비교한
케플러의 제안을 살펴보았다. 만약 1812년 베이커리안 강연
(Bakerian Lecture)에서 울러스톤이 제안했던 것처럼 결정을
구성하는 분자의 모양이 둥근 공이 아닐 수도 있다면 거시적인
결정의 대칭성은 엄청나게 다양해질 것이다.

　현대 과학적 의미의 결정학이 시작된 것은 덴마크의 해부학
자이며 지질학자였던 니클라우스 스테노(Niklaus Steno,
1638~1686)에서부터였다고 한다. 그는 수정 결정의 모양이 매
우 다양함에도 불구하고 수정 표면에 노출된 결정면 사이의 각
도가 모두 동일하다는 사실을 발견했다. 아이슬랜드 스파

〔Iceland Spar, 칼사이트(calcite)라고도 부름〕라는 광물질에서
복굴절(double refraction)이 일어난다는 사실을 처음 발견했던
덴마크의 에라스무스 바르톨린 (Erasmus Bartholin,
1625~1698)도 같은 시기에 비슷한 관찰을 했다. 또한 장 뱁티
스트 롬 드 리즐(Jean Baptiste Rome de Lisle, 1736~1770)은
결정면 사이의 각도는 물질에 따라 모두 다르지만 같은 물질의
경우에는 항상 일정하다는 사실을 발표했다. 따라서 자연에서
만들어지는 천연 결정의 모양은 모두 다르더라도 물질의 종류
에 따라 결정면 사이의 각도가 일정하다는 사실은 18세기 중엽
에 이미 널리 알려져 있었다. 아베 후이(Abbé René Just Haüy,
1743~1822)는 《몇 종류의 결정 물질에 적용한 결정구조 이론
에 관한 소고(*Essai d'une théorie sur la structure des cristaux
appliqué à plusieurs genres de substances cristallines*)》라는 저
서에서「입체 격자(spatial lattice)」의 개념을 정립하고, 많은
수의 격자점(lattice point)을 포함하는 면이 결정의 표면에 노
출되는 면을「결정면」이라고 한다면, 결정면 사이의 각도가 일
정하다는 사실을 설명할 수 있다고 주장했다. 이는 줄을 맞추
어 포도 나무를 심어놓은 포도밭에서 포도 나무 줄을 잘 볼 수
있는 특별한 방향이 있다는 사실과 비슷한 것이다. 후이는「기
본단위」가 규칙적으로 반복되어 결정이 만들어지지만, 기본단
위를 구성하는 구성입자들이 반드시 둥근 공 모양일 필요는
없다고 주장했다. 그는 그런 구성단위를 임의의 모양을 가진
「분자통합체(molécules intégrantes)」라고 불렀다. 임의의 모양
을 가진 구성단위가 모여 대칭성을 가진 결정이 만들어진다는
사실은 구성단위의 배열에 상당한 제한이 있다는 뜻이다. 이런
후이의 주장 때문에 결정의 대칭성 문제는 3차원 공간에 구성

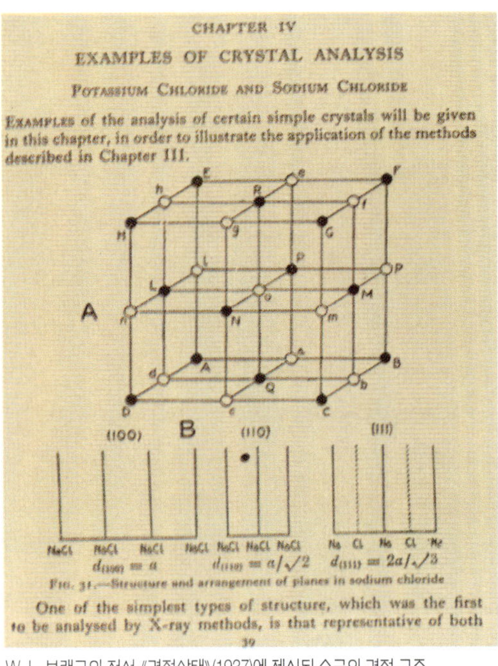

W. L. 브래그의 저서 《결정상태》(1937)에 제시된 소금의 결정 구조

단위를 배열할 때 어떤 대칭성이 나타나겠는가라는 순전히 기하학적인 문제가 되어버렸다.

입체 격자에 대한 기하학적인 이론은 19세기 말에 완성되었다. 결정 구성에 필요한 구성단위의 「자리 옮김(translation)」을 다른 대칭조작과 결합해 주기적인 패턴을 만들 수 있는 방법은 지극히 한정되어 있다는 사실도 밝혀지게 되었다.

게다가 회전축에 평행인 방향으로의 자리 옮김을 회전조작과 결합한 「나사축(screw axis)」, 그리고 반사면에 평행인 방향으로의 자리 옮김과 반사조작을 결합한 「미끄럼 평면(glide plane)」이라는 새로운 대칭조작이 있다는 사실도 밝혀지게 되었다. 모스크바의 에브그라프 스테파노비치 페도로프(Evgraf Stepanovich Fedorov, 1853~1919)와 괴팅겐의 아르투어 모리츠 쇤플리스(Artur Moritz Schoenflies, 1853~1928)는 서로 독립적인 연구에서 이런 대칭조작들을 이용해 정확히 230개의 조합이 가능하다는 사실을 발견하고, 이들을 「공간 그룹(space group)」이라고 불렀다. 이렇게 해서 결정학에 필요한 수학적인 이론은 모두 완성되었지만, 대칭조작이 적용될 「분자 통합체」라는 구성단위의 모양에 대해서는 전혀 알려진 것이 없었다. 그러나 1912년 막스 테오도어 펠릭스 폰 라우에(Max Theodor Felix von Laue, 1879~1960)가 X선 회절 방법을 개발한 직후

에 윌리엄 헨리 브래그(William Henry Bragg, 1862~1942)와
그의 아들 윌리엄 로렌스 브래그(William Lawrence Bragg,
1890~1971)가 이 방법을 이용해 다이아몬드를 비롯한 몇 가지
이온성 고체의 구조를 밝히면서부터 결정의 내부 구조를 직접
들여다볼 수 있게 되었다.

새로 개발된 방법으로 처음 연구된 결정은 공 모양의 나트륨
이온과 염소 이온이 교대로 배열되어 3차원의 장기판과 같은
구조를 이루고 있는 소금을 비롯한 알칼리 할로겐(alkali
halogen) 결정이었다.

그 결과 놀랍게도 소금의 결정 속에서는 NaCl이라고 부를
수 있는 「분자」를 전혀 찾아낼 수가 없었다. 이 결과가 알려졌
을 때 전통적인 화학적 개념에 젖어 있던 화학자들은, 오늘날
우리의 관점에서는 짐작도 할 수 없을 정도로 심각한 혼란에
빠졌었다. 특히 직설적인 비판으로 유명했던 영국의 화학자 헨
리 에드워드 암스트롱(Henry Edward Armstrong, 1848~1937)
은 공개적으로 이런 결과를 부정했다. 영국의 저명한 학술지인
〈네이처(Nature)〉에 보낸 편지에서 그는 이렇게 말했다.[35]

W. L. 브래그 교수는 『소금 결정 속에는 NaCl이라고 나타낼
수 있는 분자 단위가 존재하지 않는다』라고 주장했다. 나트륨
이온과 염소 이온이 장기판의 무늬와 같은 형태로 배열되기 때
문에 나트륨 이온과 염소 이온의 수가 같을 것이라는 결론은 기
하학적인 면만을 고려한 것으로 원자들의 결합을 완전히 무시
한 결과다. (중략) X선 물리학이 무엇인지는 아직 확실하지 않
지만 화학은 장기도 아니고 기하학도 아니다. (중략) 다시 한번
화학자들이 화학에 대한 책임감을 통감하고 초보자들이 잘못된

신을 섬기지 않도록 주의시켜야 한다. 적어도 그들에게 장기판 이상의 증거가 필요하다는 점을 일깨워주어야 한다.

물론 훗날 대칭성이 높은 이런 결정구조가 가장 단순한 이온성 화합물(ionic compound)과 금속에서 나타나는 실제 구조라는 것이 확인되었다. 그 밖의 결정은 대부분 이보다 훨씬 낮은 대칭성을 가지고 있으며 결정구조에서 불연속적인 분자 단위를 확실하게 인식할 수 있다. 오늘날의 화학자들은 결정구조 분석의 결과를 단순히 신뢰하는 정도를 넘어서 대단히 중요한 것으로 생각하게 되었다. 지금까지 결정구조 분석방법으로 10만 종 이상의 결정에서 원자들의 배열에 대한 자세한 정보를 알게 되었지만, 결정을 구성하는 분자의 구조와 결정 전체의 대칭성이 어떤 관계를 가지고 있는가 하는 일반적인 의문은 아직도 완전히 해결되지 않고 있다. 즉 어떤 구조를 가지고 있는 분자가 어떤 대칭성을 가진 결정을 형성하게 될 것인가는 아직도 전혀 예측하지 못하고 있다. 이 문제는 근본적으로 개념적인 면에서 어려움이 있는 것이 아니라, 그저 너무 복잡하기 때문에 어려울 뿐이다. 『주어진 패턴을 주기적으로 반복해서 늘어놓으면 어떤 대칭성이 나타날 수 있을까?』라는 순전히 수학적인 문제는 이미 완전히 해결되었고, 그 결과는 대칭성의 논리를 체계적으로 응용하는 데 관심을 가진 사람들을 훈련시키는 목적에 활용되고 있다. 이제 여러 가지 간단한 예를 살펴보기로 한다.

제2장에서 이미 설명했던 것과 같이 선 모양의 무늬가 만들어지는 간단한 경우부터 생각해보자. 다음 그림의 「가르텐츠베르크(Gartenzwerg)」라고 불리는 지신(地神, gnome)과 같이

아주 비대칭적인 모양에서 시작해보기로 한다. 「왼쪽」지신을 반사시키면 「오른쪽」지신이 된다. 서로 겹쳐지지 않는 두 지신을 이용해서 만들 수 있는 선 모양의 무늬를 살펴보기로 한다.

「왼쪽」과 「오른쪽」 지신

지금까지 살펴보았던 꽃병이나 분자가 가지고 있는 대칭논리와 비교해보면 다음 그림의 경우는 「지신」과 같은 똑같은 기본단위를 직선상에 일정한 간격으로 주기적으로 반복시킨다는 점이 다르다. 위쪽의 무늬는 가장 단순한 반복으로 만들어지는 평범한 무늬다.

선 무늬를 만드는 데 이용할 수 있는 대칭조작은 그렇게 많지 않다. 두번째 무늬에서와 같이 지신을 이동 방향과 수직인 축을 중심으로 180° 회전시키는 방법, 세번째 무늬에서와 같이 이동방향과 수직인 선에 대해 반사시키는 방법, 네번째 무늬에서와 같이 이동방향과 같은 방향의 선에 대해 반사시키는 방법 등이 있다. 그런데 이런 대칭조작을 조합할 수도 있지만 가능한 대칭조작을 조합해 선 무늬를 만들 수 있는 방법은 그림에 나타낸 일곱 가지밖에

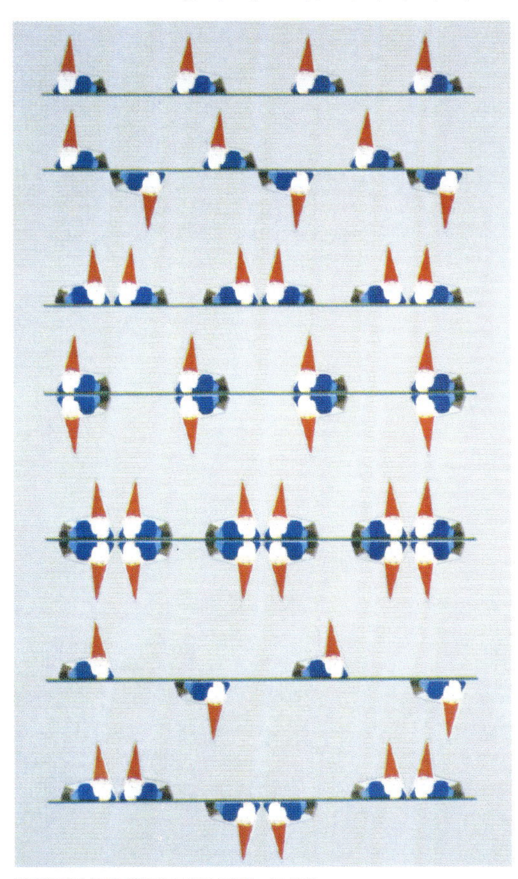

비대칭적인 구성단위로부터 만들어지는 선 무늬

없다. 이런 사실은 직접 실험을 해보거나 수학적인 방법으로 확인해볼 수 있다. 이것은 지신이 아닌 어떤 모양의 기본 모양이 주어지더라도 그것을 반복적으로 늘어놓음으로써 대칭적으로 주기적인 선 무늬를 만들 수 있는 방법은 일곱 가지뿐이라는 뜻이다. 이 일곱 가지 방법을 「선 그룹(line group)」이라고 부른다.

주어진 기본 모양을 평행하지 않은 두 방향으로 반복하여 늘어놓으면 2차원의 주기적인 무늬가 만들어진다. 이런 무늬는 벽지나 선물 포장지 등에서 흔히 볼 수 있다. 먼저 주어진 기본 모양에서 임의의 점을 선택한 다음, 이 점을 옮겨서 얻을 수 있는 대등한 점의 배열은 전체 무늬와 동일한 주기성을 가진 망(網) 모양이 된다. 이렇게 만들어진 망은 하나의 기본 모양에서 평면의 무늬를 만들 수 있는 도구라고 할 수 있다.「격자점」이라고 불리는 망 위의 점 배열이 전체 무늬의 대칭성을 결정한다. 망 구조에서는 격자점을 옮기는 두 가지의 이동방향과 평행인 평행사변형 모양의「기본 세포(unit cell)」를 찾아볼 수 있다. 기본 세포를 선택하는 방법이 명백히 정의되어 있는 것은 아니지만, 기본 세포의 선택 방법과는 상관없이 두 변의 길이가 일정하고 두 변 사이의 각도가 일정한 기본 세포는 2차원

단순한 2차원의 주기적 무늬

평면에서 만들어지는 주기적
무늬를 분류하는 중요한 특성
이다. 앞의 그림에서는 기본 세
포가 임의의 평행사변형인 경
우와 기본 세포가 직사각형(두
변의 길이는 다르지만, 두 변
사이의 각도가 $90°$)과 정사각
형(두 변의 길이가 같고, 두 변
사이의 각도가 $90°$)인 특별한
경우를 나타냈다.

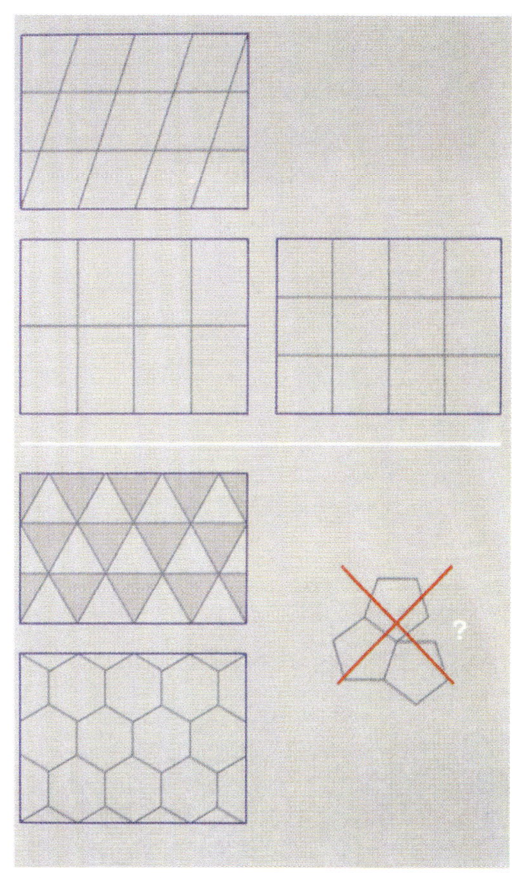

평면에서의 격자와 타일

이미 짐작할 수 있는 것처럼
2차원 평면에서 자리 옮김과 함
께 다른 대칭조작을 조합할 수
있는 방법은 1차원의 경우보다
는 많지만 무한히 많은 것은 아
니다. 벽지 무늬의 종류는 무한
히 많은 것처럼 보이지만, 근본적으로 다른 형태를 가진 무늬
의 종류는 놀랍게도 17개뿐이라는 사실은 쉽게 증명할 수 있
다. 평면 무늬의 종류가 놀라울 정도로 적은 이유 중의 하나는
2차원 평면 무늬에서 사용할 수 있는 회전 대칭조작이 C_2, C_3,
C_4, C_6로 한정되어 있기 때문이다.

특히 C_5 회전 대칭조작을 사용할 수 없는 이유는 위 그림에
나타낸 것처럼, 목욕탕의 벽을 정오각형 모양의 타일로는 전부
덮을 수 없다는 사실로부터 이해할 수 있다. 평면을 채울 수 있
는 모양은 정삼각형(C_3), 정사각형(C_4), 정육각형(C_6)뿐이다.
3차원의 경우에도 비슷한 방법으로 분석할 수 있으며, 이 경우

에 주기적으로 반복되는 무늬를 조합할 수 있는, 근본적으로 다른 방법의 수는 230개뿐이다. 즉 주어진 기본 모양을 1차원, 2차원 또는 3차원에서 주기적으로 반복해 늘어놓아서 만들 수 있는 무늬는 7개의 「선 그룹」, 17개의 「평면 그룹(plane group)」, 또는 230개의 「공간 그룹(space group)」 중 하나에 속하게 된다.

결정에서 찾을 수 있는 겉모습 대칭성을 나타내는 결정계(結晶系, crystal class) 또는 결정학적 점그룹(crystallographic point group)의 수를 알아내는 것도 비슷하기는 하지만 더 쉬운 문제다. 이 문제를 이해하기 위해서는 자리 옮김 조작 이외에 회전축과 일치하는 가능한 모든 대칭조작을 조합하는 방법의 수를 파악해야 한다. 1830년 프리드리히 크리스티안 헤셀(Fredrich Christian Hessel)은 결정에서 찾을 수 있는 결정계의 수가 32개뿐이라는 사실을 수학적으로 증명했다. 다음 그림은 1831년 라이프치히에서 발간된 후 19세기 말까지 거의 완전히 무시되었던 헤셀의 저서 《결정학(*Kristallometrie order Kristallonomie und Kristallographie*)》에 실렸던 것이다.

주어진 결정이 어떤 결정계에 속하는가는 결정의 겉모습으로부터 알 수 있다. 그러나 어떤 결정이 어떤 공간 그룹에 속하는가를 알기 위해서는 결정 내부의 구조를 알아야만 한다. 따라서 내부 구조에 대한 자세한 정보를 얻을 수 있는 X선 분석 방법이 개발된 후에야 결정이 속한 공간 그룹을 알 수 있게 됐다. 146쪽의 사진은 캐슬린 론스데일(Kathleen Lonsdale, 1903~1971)이 처음으로 분석했던 헥사메틸벤젠(hexa-methylbenzene) 결정의 X선 투영 영상이다. 이 사진은 **39**로 주어지는 분자의 구조뿐만 아니라 결정 격자에서 분자들의 배열방법도 확실히 보여준다.

여러 가지 다른 방향에서 투영한 단면 사진으로부터 얻어지는 정보를 함께 이용하면 결정에 대해 더 많은 정보를 얻을 수 있다. 그리고 이런 단면 사진을 체계적으로 모으면 결정의 3차원 구조까지도 완벽히 파악할 수 있다. 지금까지는 공과 나무 또는 금속 막대기를 이용해 결정의 구조를 나타냈었지만, 이제는 컴퓨터를 이용해 훨씬 유용한 모형을 만들 수 있게 되었다.

지금까지 밝혀진 수천 개의 결정성 화합물 구조를 살펴보면 230개의 공간 그룹이 나타나는 빈도가 균일하지 않음을 알

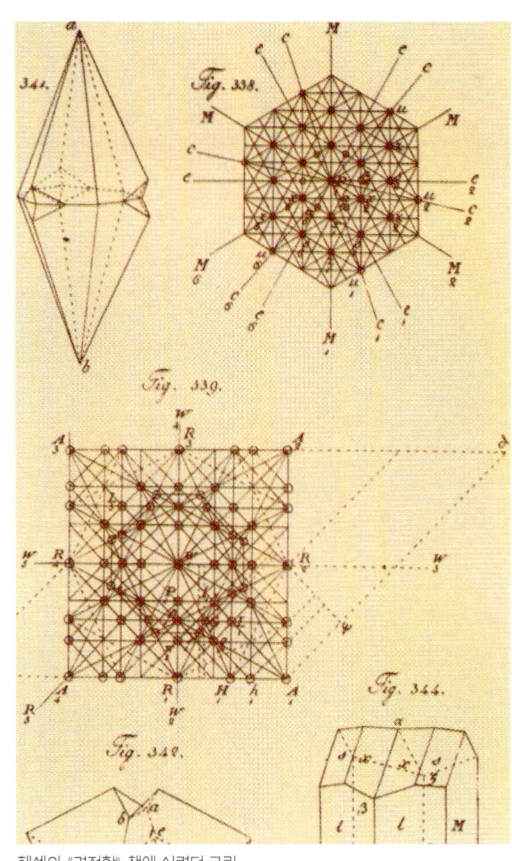

헤셀의 《결정학》 책에 실렸던 그림

39

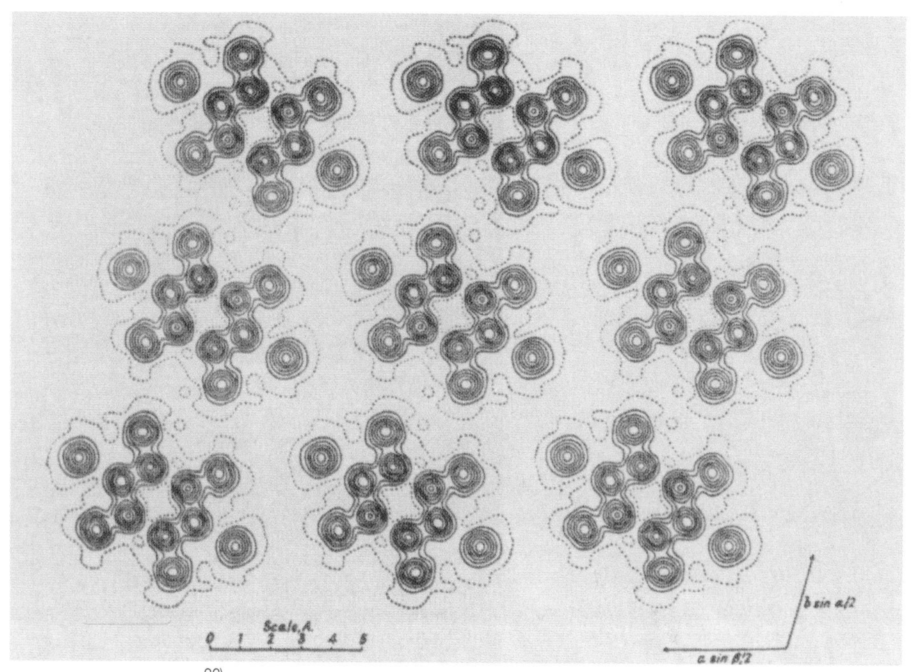

헥사메틸벤젠 결정구조의 투영[36]

수 있다. 구조가 밝혀진 분자 결정 중 90% 이상이 6개 정도의
공간 그룹에 속하고, 반전 중심과 같은 대칭요소는 흔히 볼 수
있지만 6중 대칭축(C_6)과 같은 대칭요소는 그렇게 흔하지 않
다. 물론 한 종류의 키랄성 분자로만 만들어진 결정은 단순회
전 대칭조작을 가진 공간 그룹에 속한다. 이런 키랄성 공간 그
룹은 모두 65개가 있으며, 나머지 165개 공간 그룹은 단순회전
대칭요소 이외에 회전반사 대칭요소도 가지고 있는 라세미 그
룹(racemic group)이다. 서로 다른 키랄성 분자들이 1 : 1로 결
정화하는 경우에는 165개의 라세미 공간 그룹에 속하는 결정이
될 수도 있지만, 서로 거울상 이성질체 관계를 갖는 순수한 결
정이 섞여 있는 혼합 결정이 될 수도 있다. 일반적으로 라세미
분자들이 배열될 수 있는 방법은 공간 그룹에 속하는 결정에서
더욱 다양하기 때문에 라세미 공간 그룹에 속하는 결정이 만들
어질 가능성이 높다. 실제로 라세미 용액에서 만들어지는 결정

은 라세미인 경우가 대부분이
지만 항상 그런 것은 아니다.

230개의 공간 그룹에 대한 특
성이 모두 알려지면서 사람들
은 결정학에서 필요한 법칙은
모두 밝혀진 것으로 생각했다.
따라서 1984년에 이스라엘의
물리학자 대니 섹트만(Dany
Sechtman)이 5중 대칭축을 가
진 것처럼 보이는 알루미늄과
망간의 합금 결정을 발견했다
는 소식은 모든 결정학자들을
놀라게 했다.[38] 그러나 합금의
회절 무늬를 보면 고전적인 결
정학 법칙과는 달리 4중 대칭축

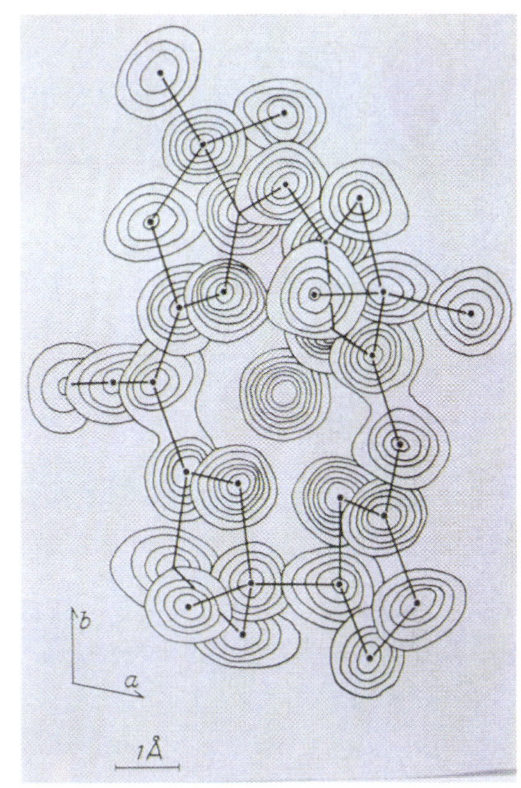

ETH-취리히의 에셴모저 실험실에서 찍은 비타민 B_{12}를 포함한 합성 물질의 전
자밀도 지도[37]

을 가진 3차원 주기적 구조도 가지고 있는 것처럼 보인다. 그
이후에도 고전적인 결정학 법칙과는 맞지 않는 대칭성을 가진
결정성 물질들도 계속 발견되었다. 이런 물질은 자세히 살펴보
면 주기성과 대칭성이 완벽하지 않기 때문에 「준결정(準結晶,
quasi-crystal)」이라고 불린다.

준결정의 존재는 기본 패턴이
끝없이 주기적으로 계속되기는
하지만 전체적으로는 규칙성을
찾을 수 없는 경우도 있다는
사실을 증명하는 것이다. 2차원
평면에서도 그런 경우가 있다.

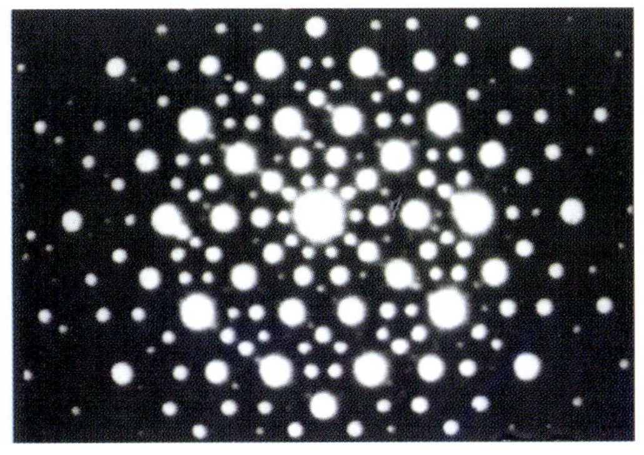

10중 대칭축을 보여주는 전자 회절 무늬

두 종류의 평행사변형 타일을 이용한 펜로즈의 무늬

이미 앞에서 설명한 것처럼 평행사변형, 정삼각형, 정사각형 또는 정육각형을 이용하면 평면을 완전히 채울 수 있다. 그러나 5중 대칭축을 가진 평면형 망(網, planar net)은 만들 수 없기 때문에 정오각형으로는 평면을 채울 수 없다. 그러나 준결정의 가능성이 밝혀지기 몇 년 전에 영국의 수학자 로저 펜로즈(Roger Penrose)는 두 종류의 타일을 사용해서 5중 대칭축에 가까운 대칭성을 가지면서 주기적인 무늬에 가까운 무늬를 만들 수 있다는 사실을 발견했다.

위 그림은 그런 예를 나타낸 것이다. 이는 그림의 아래 부분에 나타낸 것처럼 $72°$와 $108°$의 각도를 가진 평행사변형과 $36°$와 $144°$의 각도를 가진 두 종류의 평행사변형 타일을 사용해서 같은 종류의 화살표로 표시된 변들이 서로 만나도록 하는「짝짓기 규칙」에 따라 배열해서 얻은 무늬다.

이런 작업은 어린아이의 장난처럼 단순해보이지만 실제로 시도해보면 놀라울 정도로 복잡한 것이다. 특히 한 곳에서의 배열이 상당히 먼 곳에서의 배열에까지 영향을 미치기 때문에 세심한 계획을 미리 세워야만 한다. 또한 두 종류의 타일을 배열하는 방법이 매우 다양하다는 것도 특징이다. 사실 무한히 큰 평면을 채울 수 있는 방법의 수는 무한히 큰 정수보다 무한히 크다는 실수의 무한대에 해당할 정도로 많다. 어느 경우든 간에, 전체적인 무늬에서는 아무런 대칭성도 찾을 수 없다. 어느 지역의 무늬가 다시 반복되지는 않으면서도, 전체적으로 보면 무질서한 것과는 달라서 부분적인 주기성과 부분적인 5중 대칭축을 찾을 수 있다. 그런 이유로 펜로즈 무늬에서 예상되는 회절 무늬는 주기적인 결정에서와 같이 명백한 반사면과 5중 대칭축을 보여준다. 3차원 공간에서는 두 종류의 능면체(rhombohedra)를 이용하면 평면에서의 펜로즈 무늬와 비슷한 방법으로 공간을 채울 수 있다.

펜로즈의 타일로 만들 수 있는 준주기적 구조에서 얻어지는 회절 무늬는 준결정의 회절 무늬와 비슷할 것으로 예측된다. 그러나 준결정의 성격에 대해 아직도 논란이 계속되고 있기 때문에, 이런 타일 무늬가 실제로 어떤 물리적 의미가 있는 것인지는 아직도 확실하지 않다. 준결정이 처음에 생각했던 것처럼 「물질의 새로운 형태」가 아닐지는 몰라도, 수학이나 물리적인 관점에서 볼 때 준결정에서 나타나는 준주기적 구조는 매우 유용할 것이다.

전기적 성질을 비롯한 결정의 물리적 성질들은 결정의 대칭성에 의해 크게 좌우된다. 그리고 결정의 대칭성은 그 이유를 완전히 이해하지는 못하고 있지만 격자를 이루고 있는 원자나 분자들 사이에 작용하는 힘의 결과로 나타난다. 결정의 온도를 조금씩 높여가면 입자들의 열 운동이 커지면서, 결정에서의 질서를 유지시키는 인력의 범위를 넘어설 수 있다. 그렇게 되면 결정은 녹아서 액체가 되기 시작하면서 공들의 밀집쌓기에서 생기는 아름다운 규칙적 질서와 대칭성은 사라지게 된다.

액체에서도 분자들은 서로 직접 접촉하고 있으며, 분자들의

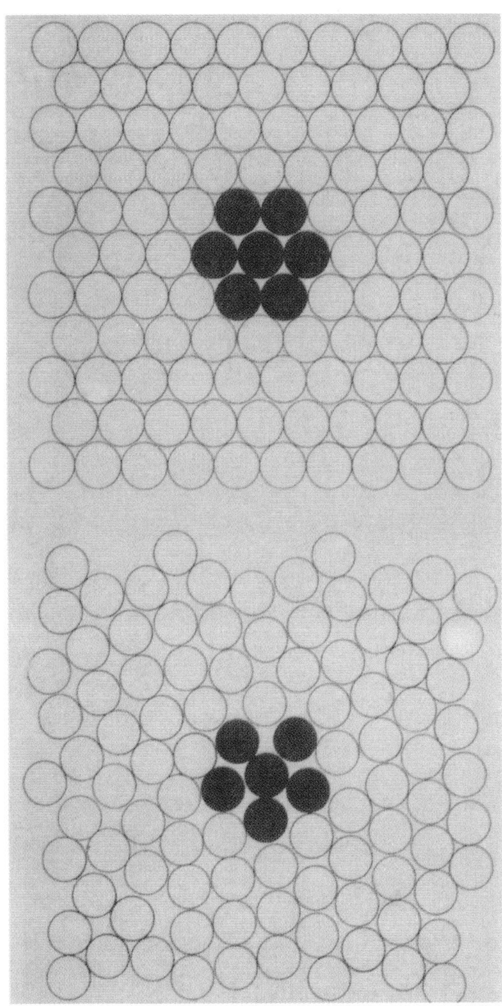

녹는 과정에서 생기는 무질서

배열이 대략적인 대칭성을 나타내고는 있지만 전체적인 대칭성은 찾을 수 없다. 따라서 분자들의 대칭적인 배열에서 나타나는 결정의 특성도 존재하지 않는다. 물리나 화학에서 액체가 가장 어려운 연구대상으로 여겨지는 것도 바로 이런 대칭성 상실 때문이다.

기본 무늬가 규칙적으로 배열됨으로써 대칭성이 나타나고, 이런 규칙성이 깨어지면 대칭성은 사라지게 된다는 사실은 대칭성이 질서와 무질서 사이의 관계에 대한 문제와 관련이 있다는 것을 뜻한다.

이 문제를 더 깊게 생각해보기 전에 「무질서」의 정확한 의미가 무엇인지 잠깐 생각해볼 필요가 있다. 어린아이의 놀이방에서 여섯 개의 서랍이 달린 서랍장에 여섯 개의 장난감을 넣어두는 경우를 예로 들어 질서와 무질서의 문제를 생각해보자. 다음 그림 *A*에서와 같이 여섯 개의 장난감을 모두 하나의 서랍에 넣으면 가장 질서가 큰 경우가 된다. 어느 장난감을 가지고 놀고 싶더라도 바로 이 서랍을 열기만 하면 언제나 그 장난감을 찾을 수 있다.

그러나 장난감 한 개를 그림 *B*에서와 같이 다른 서랍에 넣어

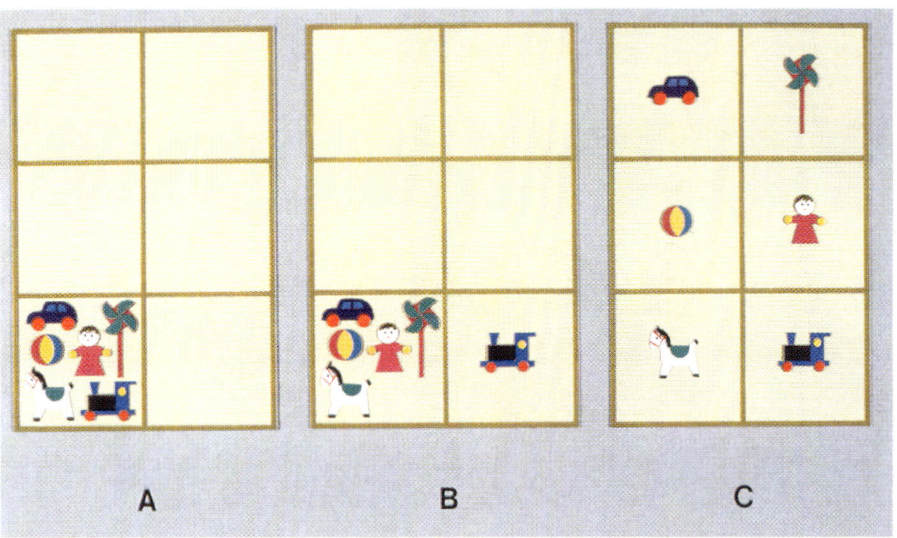

여섯 개의 장난감을 여섯 개의 서랍에 넣을 때의 무질서도

두면 「무질서」가 시작된다. 여섯 개의 장난감이 모두 다른 경우 그 중 하나를 따로 넣어두는 방법은 모두 여섯 가지가 있을 수 있다. 장난감을 세 개의 서랍에 나누어 넣으면 「무질서도」는 더욱 증가하고, 어느 서랍에 무엇을 넣었는지 기억하지 못하면 장난감을 찾기 위해 여러 서랍을 열어보아야 한다. 서랍 하나에 장난감을 하나씩 넣으면 「무질서도」가 최대로 되고, 그 방법의 수는 $6 \times 5 \times 4 \times 3 \times 2 = 720$이 된다. 그림 C는 그 중의 하나를 나타낸 것이다. 즉 가능한 배열의 수는 A의 경우에는 1, B의 경우에는 6, 그리고 C의 경우에는 720이 된다. 이 숫자가 여섯 개의 장난감을 여섯 개의 서랍에 넣을 때의 「무질서도」를 나타낸다고 생각하고 $\varOmega$라고 나타내기로 한다. 오스트리아의 물리학자 루트비히 에두아르드 볼츠만(Ludwig Eduard Boltzmann, 1844~1906)이 처음으로 제시했던 이 개념은 결정에 대한 우리의 설명에 매우 유용하다. 장난감과 서랍의 수가 늘어나면 가능한 배열의 수인 $\varOmega$는 급격히 증가한다. 분자의 수는 물론, 분자가 있게 될 상태의 수가 엄청나게 큰 경우를 취

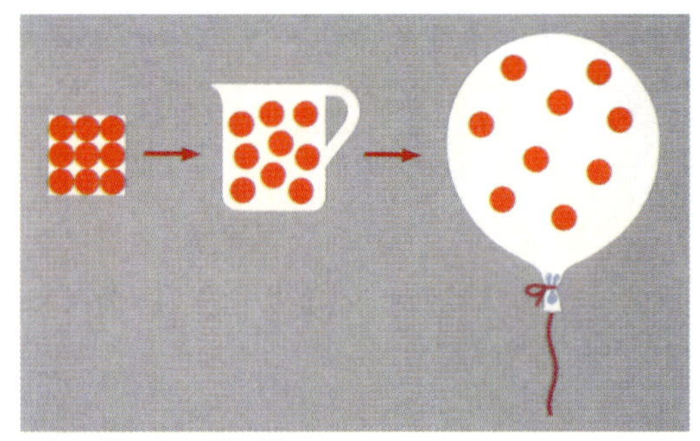

상태의 변화 : 결정, 액체, 기체

급하는 화학에서는 Ω 대신 로그 $\Omega(\ln \Omega)$를 이용해서 무질서도를 나타내기도 한다. 분자계의 무질서도는 온도에 따라 증가하며, 무질서도는 실험으로 얻을 수 있는 엔트로피(entropy)와 밀접한 관련이 있다. 볼츠만의 정의에 의하면 엔트로피는 $\ln \Omega$에 볼츠만 상수 k를 곱해서 $S = k \ln \Omega$가 된다. 이는 물리에서 가장 중요한 식 가운데 하나인데, 비엔나에 있는 볼츠만의 묘비에 새겨져 있다.

앞에서 설명한 놀이방과 같은 상황을 물질의 물리적 상태에서도 찾을 수 있다. 많은 수의 분자로 이루어진 결정을 녹이면 위 그림과 같이 액체를 거쳐 기체가 된다. 결정이 녹으면 분자들은 조금씩 더 넓은 공간을 차지하게 된다(물론 물 위에 뜨는 얼음의 경우는 예외다). 마침내 액체가 증발하여 기체가 되면 무질서도는 최대가 된다. 결정이 녹아 액체가 되고, 액체가 다시 기체로 변화할 때의 엔트로피 변화는 측정 가능하다. 대부분의 경우에 결정이 녹으면 엔트로피는 25에서 40 단위 정도 증가하고, 액체가 증발할 때에는 이보다 훨씬 큰 90 단위 정도의 큰 엔트로피 증가가 나타난다.

그러나 일상생활에서 쉽게 경험할 수 있는 이런 문제를 통해 엔트로피의 개념을 모두 이해할 수 있을 것이라고 생각했던 사람들이 다음 이야기를 읽게 되면 조금 실망할는지도 모른다. 두 개의 풍선에 헬륨

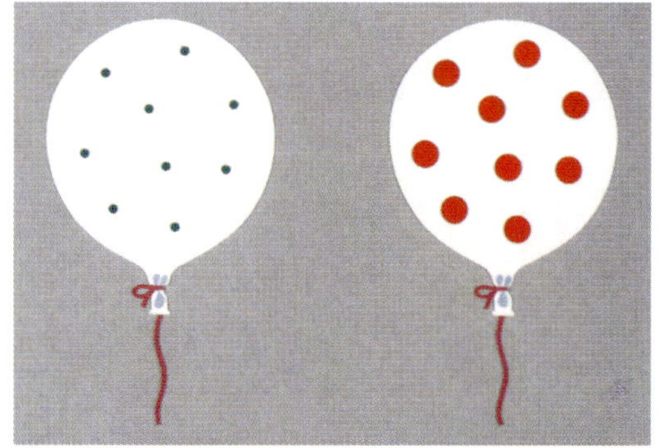

같은 온도와 압력에서 같은 부피를 가진 헬륨과 제논(크세논)의 엔트로피는 다르다.

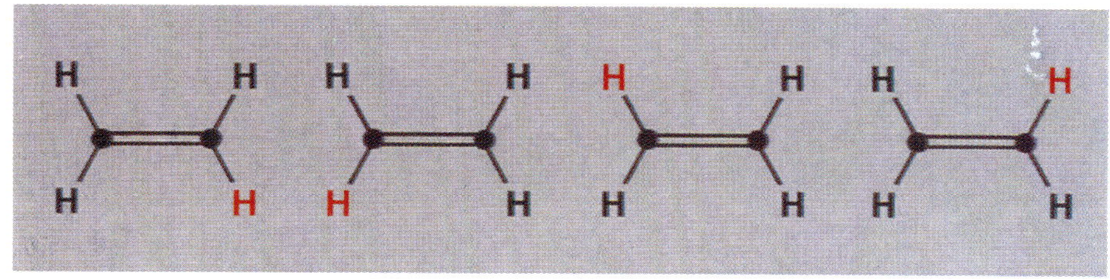

에틸렌의 대칭수는 4

(helium)과 제논(xenon, 크세논) 기체가 각각 들어 있다. 두 풍선의 부피, 압력, 온도가 동일하다면 두 풍선에 들어 있는 원자의 수는 같을 것이다. 따라서「무질서도」도 같으리라고 생각하게 될 것이다. 그러나 실제로는 제논 풍선의 엔트로피가 헬륨 풍선보다 35% 정도 더 크다. 즉 무질서도는 원자의 무게를 비롯한 다른 요인과도 관련이 있다. 알베르트 아인슈타인(Albert Einstein)의 말처럼『신(神)은 교활하기는 하지만 악의를 가지고 있지는 않다.』

분자구조 자체의 대칭성도 엔트로피에 영향을 미친다. 대칭성이 높은 분자로 만들어진 분자는 대칭성이 낮은 분자로 구성된 물질보다 더「질서 정연」하므로 더 작은 엔트로피를 갖는다. 이런 사실을 완벽하게 표현하기 위해서는 대칭의 정도를 숫자로 표시할 수 있어야만 한다. 앞에서 설명했던 것처럼 분자가 가지고 있는 대칭요소의 숫자를 이런 목적에 사용할 수도 있지만, 분자를 공간에서 구별하지 못하도록 나타내는 방법의 수에 해당하는「대칭수(對稱數, symmetry number)」Σ가 더 유용하게 사용된다. 에틸렌(ethylene, $CH_2=CH_2$) 분자를 예로 생각해보자. 대칭수를 결정하기 위해 수소 원자 중 하나를 붉은색으로 표시하면, 붉은색 수소 원자는 네 가지 위치 중의 하나를 차지하게 된다. 그러나 실제 에틸렌 분자의 수소는 모두 동등하기 때문에 이런 네 개의 배열은 사실 구별할 수 없으므로 이 경우의 대칭수 Σ는 4다.

몇 가지 다른 분자들의 대칭수를 표로 보면 다음과 같다.

분　자	Σ
CO	1
N_2	2
에틸렌	4
메탄	12
벤젠	12
클로로벤젠	2
1,2-디클로로벤젠	2
1,4-디클로로벤젠	4
큐반	24

　정확한 대칭수를 결정하기 위해서는 반사조작은 무시하고 회전조작만을 고려해야 한다. 반사는 회전과는 달리 실제 대상에 직접 적용되는 것이 아니기 때문이다. 공간에서 한 점을 통해 대상을 반전시키는 대칭조작도 마찬가지다. 이런 조작을 위해서는 거울이나 수학적인 도움이 필요하다. 그래서 이런 조작을 회전조작과 같은 단순 회전조작과 구별하기 위해 「회전반사」 대칭조작이라고 부른다.

　실제로는 드문 경우이기는 하지만 모든 조건이 같은 상황에서 두 이성질체가 평형을 이루고 있을 때에는 대칭성이 낮은 분자가 더 많이 존재한다. 즉 평형에서 두 이성질체의 상대적인 양은 대칭수 Σ에 반비례한다. 그런 예로 트리클로로벤젠의 이성질체를 생각해보자. 1,2,3-트리클로로벤젠(trichlorobenzene, **40**)의 Σ는 2이고, 1,2,4-트리클로로벤젠(**41**)의 Σ는 1이며, 1,3,5-트리클로로벤젠(**42**)의 Σ는 6이다. 화살표를 이용해 상징적으로 나타낸 것처럼 염소와 수소 원자가 서로 교환되면 다른 이성질체가 된다.

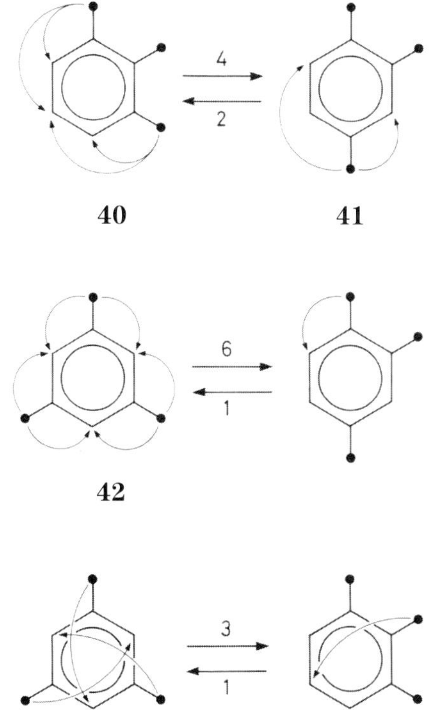

즉 1,2,3에서 1,2,4가 되기 위해서는 네 번의 교환이 필요하고, 1,2,4에서 1,2,3이 되려면 단지 두 번의 교환이 필요하다. 마찬가지로 1,3,5에서 1,2,4로의 변환에는 여섯 번, 1,3,5에서 1,2,4로는 한 번, 1,3,5에서 1,2,3으로는 세 번, 1,2,3에서 1,3,5로는 한 번의 교환이 필요하다. 여기에서 정방향과 역방향 반응에 필요한 교환 수의 비 4/2=2는 두 분자의 대칭수의 비 $\Sigma(1,2,3)/\Sigma(1,2,4)=2/1=2$와 같다는 사실을 알 수 있다.

원자의 교환이 일어날 수 있는 가능성이 모두 같다고 생각한다면, 평형에서 1,2,3과 1,2,4 및 1,3,5의 비는 $3:6:1$이 되어 대칭수에 반비례하기 때문에 대칭수가 작은 이성질체가 대칭수가 큰 이성질체보다 더 많이 존재하게 된다. 엔트로피를 이용하더라도 마찬가지 결론을 얻을 수 있다.

실제로 대칭수 Σ가 증가하면 「무질서도」를 나타내는 엔트로피는 감소하고, 그 감소의 정도는 실제로 상당한 크기다. 예를 들어, 대칭성의 차이 때문에 생기는 n-펜탄(n-pentane, $CH_3CH_2CH_2CH_2CH_3$)과 네오펜탄[neopentane, $C(CH_3)_4$]의 엔트로피 차이는 15 엔트로피 단위로서, 앞에서 설명한 고체가 녹는 과정에서의 엔트로피 변화와 비교할 때 상당히 큰 값임을 알 수 있다.

따라서 두 이성질체의 녹는점도 상당히 다르다. 대칭성이 높은 네오펜탄의 녹는점은 $-16°C$로서 비슷한 크기의 탄화수소들과 비교할 때 비정상적으로 높다. 그러나 대칭성이 낮은 n-펜탄은 $-130°C$에서 녹는다. 대칭성이 높은 이성질체가 비정상적이라고 할 수 있을 정도로 높은 온도에서 녹게 되는 것도 대칭성과 깊은 관련이 있다. 즉 앞에서 설명한 것처럼 무질서한 액체는 결정형의 고체보다 엔트로피가 크다. 공 모양에 가까운 둥근 모양을 하고 있는 네오펜탄은 결정 속에서 회전하더라도 결정의 질서를 깨뜨리지 않는다. 다시 말해서 정상적인 액체의 특징인 잉여 무질서가 이미 고체 상태에서도 허용되고 있는 셈이다. 따라서 녹는 과정에서 나타나는 엔트로피 변화는 보통의 경우보다 작게 된다. 열역학에서 두 상(phase)이 평형을 이루고 있을 경우에는

$$\Delta G = \Delta H - T\Delta S = 0$$

즉

$$T = \Delta H / \Delta S$$

가 된다. 따라서 녹음열(ΔH)이 대체로 비슷하다면 엔트로피의 변화(ΔS)가 작을수록 녹는점은 높아지게 된다. 녹는 과정에서 이런 비정상적인 특성을 나타내는 결정을「플라스틱 결정」이라고 한다. 이런 결정은 기계적 응집력이 약하고, 결정형 고체와 정상적인 액체의 중간에 해당하는 것으로 생각할 수 있다. 플라스틱 결정에는 방향성 질서는 없고 이동성 질서만 있다.

길쭉한 막대기 모양이나 판 모양의 분자로 된 결정도 녹는 과정에서 결정의 질서와 액체의 무질서 사이에 또 다른 중간 상태에 해당하는 특이한 상태를 보여준다. 이런 물질이 녹을 때에는 이동성 질서를 잃어버리더라도 방향성 질서를 유지하는 경우가 있다. 즉 방향성 질서를 유지하는「액체」는 흘러가기는 하지만 관찰 방향에 따라 물리적 특성이 매우 다르다. 이런 상태를「액정($液晶$, liquid crystal)」이라고 하며 산업적으로 매우 유용하게 활용되고 있다.

우주의 엔트로피가 최대의 상태를 향해 끊임없이 증가한다는것은 열역학 제2법칙의 피할 수 없는 결과다. 이런 관점에서 인간과는 달리 신은 궁극적으로 대칭성이 낮은 상태를 좋아하는 것처럼 보인다.

10. 미시세계의 대칭성

지금까지는 대칭성이 화학에서 어떻게 이용되고 있는가를 설명했다. 그러나 화학에서 대칭성이 중시되는 가장 중요한 이유는, 대칭성이 분자에서의 전자 구조, 즉 전자의 운동에 대해 매우 유용한 정보를 가르쳐주기 때문이다. 그러나 불행하게도 이 분야에 대한 초보적인 내용이라고 하더라도 비전문가가 이해할 수 있을 정도로 쉽게 설명하기란 쉽지 않다. 그 주된 이유는 작은 공에 비유되는 전자의 거동이, 우리가 일상생활에서 경험하는 거시적 대상의 거동과는 전혀 다르기 때문이다. 진화를 통해 이어받고, 일상경험을 통해 배우게 되는「상식」이 오히려 전자와 같은 미시적 대상의 거동을 직감적으로 이해하는 데 방해가 되고 있는 것이다.

우리는『빛은 전자기파(electromagnetic wave)이고, 1초 동안에 일어나는 진동의 수를 나타내는 진동수는 매우 넓은 범위의 값을 가질 수 있으며, 진동수는 빛이 나타내는 색깔과 관련이 있다』라고 배워왔다. 빛의 진행 속도는 진공에서 가장 큰 값을 가지는데, 그 속도를 c로 나타낸다. 진공 속에서 빛은 1초에 3×10^8m를 진행한다. 유리나 물처럼 밀도가 큰 매질 속에서 진동수 ν는 그대로 유지되지만, 빛의 진행 속도 u는 진공에서의 속도 c보다 작아진다. 진공에서의 속도와 매질에서의 속도의 비 $n=c/u$를 매질의 굴절률(refractive index)이라고 부른다. 다음 그림은 진동수는 같지만 진행 속도가 다른 두 빛이 어떻게 전파되는가를 보여주고 있다. 주어진 시간 동안 빛이 진행하는 거리는 속도에 비례하기 때문에 진동수가 같은 경우에 파장은 굴절률에 반비례한다. 따라서 밀도가 큰 매질에서 빛의 파장은 진공에서보다 짧아진다.

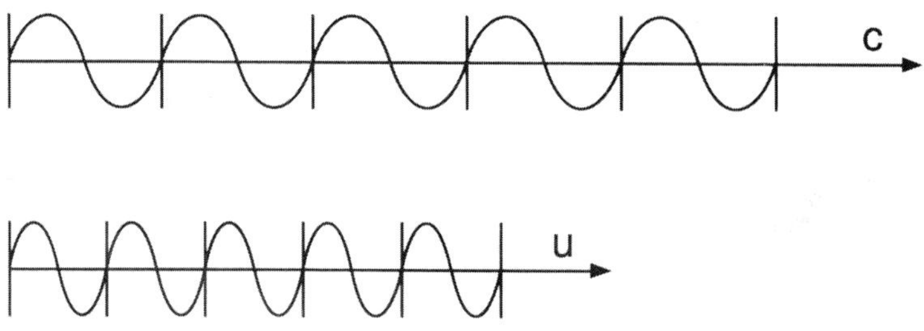

한 번의 진동이 일어나는 동안 빛은 한 파장 λ에 해당하는 거리를 진행하기 때문에 N번 진동하는 동안 파장의 N배에 해당하는 거리를 진행하게 된다. 진동수 ν는 1초에 일어나는 진동의 수이고, 따라서 빛의 속도는

$$c=\lambda_0\nu, \quad u=\lambda\nu$$

으로 쓸 수 있다(λ_0=진공에서의 빛의 파장).

위대한 과학자 아이작 뉴턴(Isaac Newton, 1643~1727)은 빛을 입자가 흘러가는 것처럼 생각해서 광선의 거동을 기하학적으로 분석하면 빛의 전파에 대한 광학 문제를 해결할 수 있다고 주장했다. 빛을 파동과 광선으로 생각하는 두 가지 상반된 시각을 접목시킬 수는 없을까? 이 의문에 대한 긍정적인 대답은 프랑스의 수학자 피에르 드 페르마(Pierre de Fermat, 1601~1665)가 제공했다. 그는 광선은 항상 두 점 사이에서 가장 짧은 시간에 진행할 수 있는 경로로 진행한다는 법칙을 제안했다. 이 법칙에 의하면 굴절률이 일정하지 않은 매질 속에서는 빛이 직선을 따라 전파되지 않고, 빛이 빨리 진행할 수 있도록 굴절률이 작은 영역으로 휘어짐으로써(진행 경로의 길이가 아니라) 진행 시간이 최소가 되는 경로를 따라 진행하게 된다. Δs만큼 떨어진 두 점 사이를 진행하는 데 걸리는 시간 Δt는 $\Delta s/u$이고 u는 위치에 따라 바뀔 수 있다. 페르마의 법칙에 의하면 다음 그림에서와 같이 광원 A에서부터 관찰자 B까지의 경로는

$$\Sigma(\Delta t) = \Sigma(\Delta s/u) = (1/\nu)\ \Sigma(\Delta s/\lambda)$$

가 최소가 되는 경로, 즉 가장 작은 수의 진동을 포함하는 경로가 된다. 만약 매질의 굴절률이 일정하다면 빛은 직선을 따라 진행하게 된다. 그러나 광선이 통과하는 매질의 굴절률이 달라지면 빛의 파장도 바뀌게 된다. 페르마의 법칙은 빛의 파장과는 아무런 관련이 없는 것으로서, 실제로 페르마가 빛의 파동이론에 대해 알고 있었는가도 확실하지 않다. 빛의 파동이론을 처음으로 제시했던 크리스티안 호이겐스(Christian Huyghens, 1629~1695)의 유명한 저서 《광선론(*Traité de la Lumière*)》은 페르마가 죽은 후 몇 년이 지난 1690년에 출판되었다.

막스 플랑크(Max Planck, 1858~1947)와 아인슈타인(1879~1955)의 위대한 발견이 있은 이후 프랑스의 루이 드 브로이(Louis de Broglie, 1892~1981)는 1923년에 전자와 같이

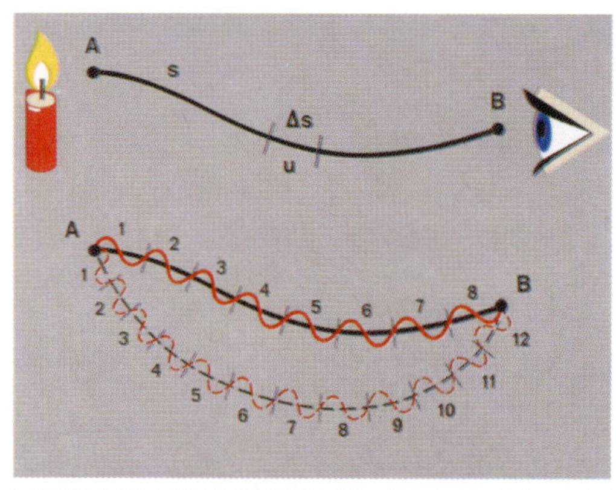

굴절률이 일정하지 않은 매질에서 A로부터 B로의 빛의 경로. 이 경로는 여덟 개의 파장에 해당하는 것으로, 직선 경로를 포함한 다른 모든 경로는 더 많은 수의 파장에 해당한다.

움직이고 있는 모든 입자는 「파동」의 특성을 가지고 있으며, 입자가 빨리 움직일수록 그 파장 Λ는 짧아진다는 가정을 제안했다. 전자가 빨리 움직인다는 것은 속도 v가 커지고, 운동량(momentum) $p = m_e v$가 커지며, 따라서 운동에너지 $E = m_e v^2/2$가 커진다는 뜻이다(여기에서 m_e 는 전자의 질량이다).

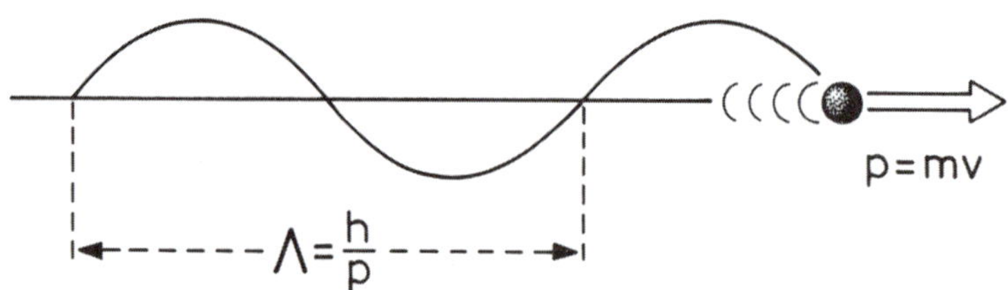

정확한 관계식은 드브로이 방정식 $\Lambda = h/p$로 주어지고, 여기에서 h는 플랑크의 상수다. 이 관계식을 유도한 것과 반대 방향의 논리도 성립할까? 즉 전자와 같은 입자의 운동을, 파동을 설명하는 데에만 적용하던 이론으로 설명할 수 있을까 하는 의문은 자연스럽게 제기되었다. 실제로 3년이 지난 후인 1926년 오스트리아의 에르빈 슈뢰딩거(Erwin Schrödinger, 1887~1961)는 이것이 가능하다는 것을 입증하는 데 성공함으로써 오늘날 원자나 분자에서 전자의 상태를 설명하는 기초가 되고 있는 이른바 파동역학(波動力學, wave mechanics)의 아버지가 되었다. 파동역학을 유도하기 위해서는 모든 입자가 페르마의 원칙에 따라 두 점 사이의 경로를 드브로이 파장으로 나

타냈을 때 최소가 되도록 움직인다는 가정이 필요했다. 이런 연결은 피에르 루이 모로 드 모페르튀이(Pierre Louis Moreau de Maupertuis, 1698~1759)가 제안했던 최소 작용법칙(Principle of Least Action)으로도 설명할 수 있다. 이 법칙에 의하면 움직이는 임의의 물체가 지나가게 되는 경로는 운동량이 $p=mv$인 물체가 $\varDelta s$의 거리만큼 움직일 때의 작용 $p(\varDelta s)$의 합이 최소가 되어야만 한다.

드브로이 관계식을 사용하면 $\varSigma p \varDelta s$는 $h\varSigma(\varDelta s/\varDelta)$가 되기 때문에, 모페르튀이 조건은 $\varSigma(\varDelta s/\varDelta)$가 최소가 되어야 하는 빛의 경우에 적용되는 조건과 동일해진다. 따라서 슈뢰딩거가 증명했던 것과 같이 광파동의 전파에 적용되어왔던 관계식들은 모두 입자의 운동을 설명하는 데에도 활용할 수 있다. 즉 입자는 파동과 같은 면을 보여주는 동시에 파동도 입자와 같은 면을 가지고 있는 것이다.

이런 법칙 외에도 여러 개의 전자가 원자나 분자에서와 같이 한정된 공간에서 함께 존재하기 위해서는 일종의「통행규칙」을 만족해야만 한다. 이런 규칙 중 하나는 앞에서 인용했던, 아퀴나스가 설명한 천사의 행동과 유사하다. 그러나 다른 통행규칙은 고전역학이나 신학으로도 설명할 수 없는 것들이다.

분자에서와 같이 한정된 공간에 갇혀 있는 전자를 나타내는 가장 단순한 모형은, 전자가 적당한 크기의 통 속에 들어 있다고 생각하는 것이다.[39] 다음 그림에서는 68개의 전자를 가지고 있는 나프탈렌($C_{10}H_8$,**17**)의 전자들을 시적(詩的)으로 표현한 것이다.

전자가 움직일 수 있는 공간이 줄어들면 전자는 어떤 반응을 보일까? 이 질문에 대한 정성적인 해답을 얻기 위해 전자 한

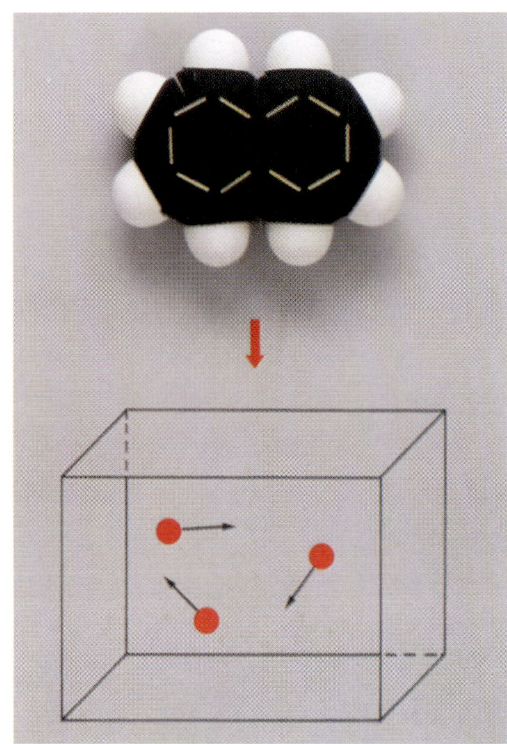

전자가 갇혀 있는 상자로 표시된 나프탈렌 분자

개가 1차원의 통 속에서 앞뒤로 움직이는 경우를 생각해보자. 만약 이런 운동이 고전 역학의 법칙을 따른다면, 전자는 상자 속에서 일정한 속력으로 움직이면서 양쪽 벽에 주기적으로 충돌하고, 충돌할 때마다 진행 방향이 뒤집히지만 속력은 일정하게 유지될 것이다.

이렇게 움직이는 고전적인 전자의 사진을 노출 시간이 긴 카메라로 찍으면 아래 그림처럼 전자가 상자 전체에 균일하게 퍼져 있는 것같이 보일 것이다. 즉 임의의 시각에 전자를 발견할 확률은 상자 속의 어디에서나 동일할 것이다. 그리고 그 확률은 전자가 얼마나 빨리 움직이고 있는가와도 상관이 없을 것이다. 따라서 이 모형에서는 전자의 속력과 운동 에너지에 아무런 제한이 없다. 그러나 파동역학에 따르면 이런 결론은 완전히 틀린 것이다. 파동역학에서는 전자의 운동에 수반되는 파동이 다음 그림과 같이 상자에 정확하게 들어맞는 것

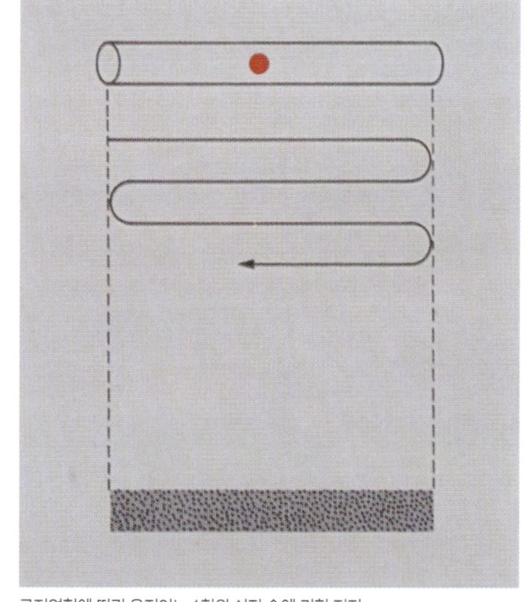

고전역학에 따라 움직이는 1차원 상자 속에 갇힌 전자

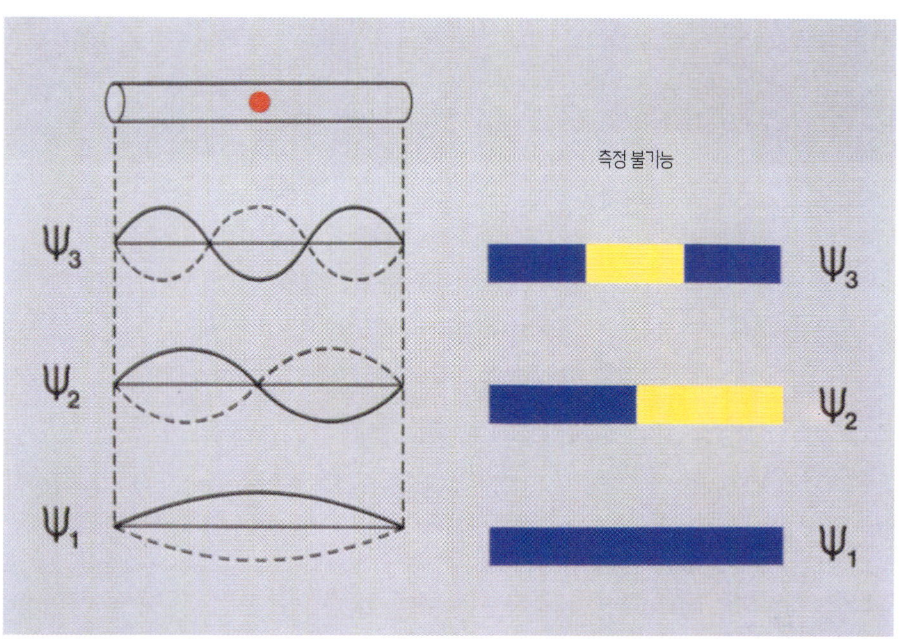

1차원 상자 속에 갇힌 양자역학적 전자

을 요구한다.

더 엄밀히 말하면 그림에서와 같이 상자 속에는 반(半)파장의 정수 배에 해당하는 파동이 들어가야 한다. 따라서 상자의 길이가 L이라면 $n(A/2)=L$가 되어야 하기 때문에, n은 1, 2, 3,…과 같은 자연수가 되어야 한다. 이런 종류의 관계식을 양자화 조건이라 하고, n을 양자수(量子數, quantum number)라고 부른다. 이 관계식은 상자 속에서 허용되는 전자의 속력과 에너지가 한정되어 있다는 것을 뜻한다. 이런 경우 정확하게 정의된 1차원 상자 속 전자의 에너지 양자를 더하거나 빼면 한 상태에서 다른 상태로 전환될 수 있기 때문에 에너지가「양자화(quantize)」되어 있다고 말한다.

그러나 파동함수(波動函數, wave function) 자체는 아무런 물리적 의미가 없다. 우선 파동이 어느 주어진 순간에 위의 그림에서 실선으로 그려진 것에 해당하는지 또는 점선으로 그려진 것에 해당하는지는 전혀 알아낼 수 없다. 따라서 파동함수

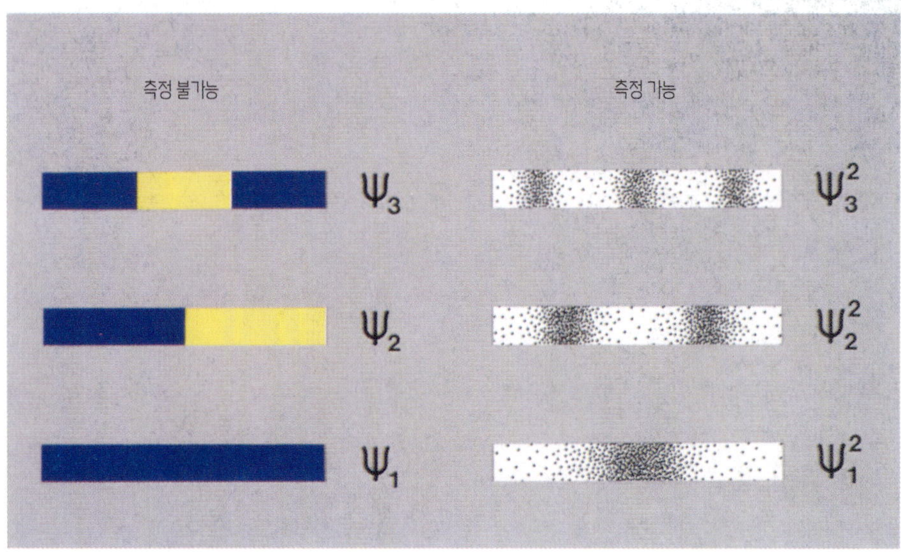

파동함수와 파동함수의 제곱으로 표현되는 밀도

를 그림의 오른쪽에서와 같이 반대쪽으로 구부러진 부분을 푸른색과 노란색처럼 대비되는 색으로 나타내는 것이 유리할 수도 있다.

앞에서 설명한 고전적인 전자의 거동과는 달리 파동역학으로 설명되는 전자는 전체 공간에 균일하게 분포되어 있지 않다. 어떤 위치에서 전자를 발견할 수 있는 확률은 그 위치에서 파동함수 크기의 제곱에 비례한다. 파동함수 자체와는 다르게 이와 같이 얻어지는 전자「밀도」는 직접 측정이 가능하다. 위 그림에는 에너지가 가장 낮은 세 개의 상태에서 파동함수와 전자 밀도를 나타냈다.

지금까지의 이야기를 요약하면 다음과 같다. 위 그림에서 왼쪽에는 파동함수를 기호화해서 나타냈으며, 여기에서 대비되는 색은 파동함수가 반대쪽으로 진동하고 있음을 뜻한다. 오른쪽에는 상자 전체에 퍼져 있는 전자 밀도 또는 확률을 나타냈다. 전자 밀도는 직접적인 측정이 가능하지만 파동함수는 어떤 방법으로도 측정할 수 없다. 파동함수는 일반적으로 에너지가 증가하는 순서에 따라 Ψ_1, Ψ_2, Ψ_3,… 으로 표시한다(주어진 파동함수에 해당하는 에너지는 양자수 n의 제곱에 비례하고, 파장의 제곱에 반비례한다는 것을 증명할 수 있다. 따라서 에너지가 증가하는 순서는 파장이 감소하는 순서와 일치한다). 파동함수에 대응하는 전자 밀도는 파동함수의 제곱, 즉 $(\Psi_1)^2$, $(\Psi_2)^2$, $(\Psi_3)^2$ 등으로 주어진다.

만약 상자 속에 한 개의 전자가 들어 있다면, 에너지가 가장 낮은 전자 상태는 에너지가 가장 낮은 파동함수 Ψ_1 로 표현된다. 이 때 전자는 Ψ_1 오비탈(orbital)에 들어 있다고 말한다. 여러 개의 전자가 들어 있을 경우에는 모든 전자가 Ψ_1 오비탈에 들어 있다고 할 수도 있겠지만, 그런 상태는 전자의 운동을 제한하는 기본적인 규칙 중 하나인 『하나의 파동함수 또는 오비탈에는 기껏해야 두 개의 전자가 들어갈 수 있다』라는 규칙에 위배되기 때문에 허용되지 않는다〔두 개의 전자가 같은 오비탈에 들어가는 경우에도 두 전자는 서로 반대의 스핀을 가지고 있어야 한다〕. 이것은 취리히의 물리학자 볼프강 파울리(Wolfgang Pauli, 1900~1958)가 처음에 발견했던 것으로 여기에서 설명하기에는 너무 어려운, 심오한 대칭 원리에서 나타나는 것이다. 이런 법칙에 따라서 여러 개의 전자가 들어 있을 때, 에너지가 가장 낮은 상태는 에너지가 낮은 오비탈에서부터 에너지 순서에 따라 두 개씩의 전자를 채워넣는 경우가 된다.

전자가 들어 있는 1차원 상자 자체는 상자의 중심에 대해 대칭적인 모양이다. 즉 상자의 중앙을 지나고 종이면에 수직인 축에 대해 $180°$ 회전시키면 원래의 상태가 되기 때문에 상자 자체는 C_2 대칭요소를 갖는다. 물리의 기본법칙에 따르면 이런 경우 상자 안에서 움직이고 있는 전자의 밀도(Ψ)^{2}도 상자 자체와 같은 대칭성을 가져야 한다. 166쪽의 그림을 보면 이것이 사실임을 알 수 있다. 좀더 일반적으로 말하면 상자와 같은 대칭성을 가진 퍼텐셜 에너지에 의해 한정된 공간에 갇힌 전자의 경우, 대칭적으로 동등한 위치에서 전자를 발견할 확률은 같아야 하고, 따라서 그런 위치에서의 전자 밀도도 같아야 한다. 물리학자들은 이것을 『퍼텐셜의 대칭성이 전자 밀도에도 반영되는 것』이라고 말하는데, 이는 언제나 사실이다.

그러나 앞의 그림을 자세히 보면 파동함수는 좀더 복잡한 대칭 특성을 가지고 있다는 사실을 알 수 있다. 즉 Ψ_1이나 Ψ_3와 같은 파동함수는 실제로 앞에서 설명한 회전에 의해 원래 모습으로 되돌아오지만, Ψ_2와 같은 파동함수는 그렇지 않다. 이 경우에는 C_2 대칭조작을 시키면 두 색깔이 서로 교환되며, 이것은 파동함수 전체의 부호가 바뀌게 된다는 것을 뜻한다. 봉우리가 있던 곳이 계곡이 되고, 계곡이었던 곳이 봉우리가 된다. 앞에서 사용했던 정의를 그대로 적용한다면 Ψ_2는 C_2에 대하여 대칭이라고 할 수 없지만, 이런 식의 「비대칭적(unsymmetric)」인 거동은 아무렇게나 생긴 감자를 $180°$ 회전시키는 경우와는 다르다는 사실을 알 수 있을 것이다. 아무렇게나 생긴 감자는 C_2에 대해 말 그대로 비대칭적이다. 그러나 Ψ_2의 경우에는 C_2 회전에 의해 부호만이 바뀌게 되는데, 이런 경우를 「반대칭적(antisymmetric)」이라고 한다. 따라서 1차원 상자 속의 전자에 대한 파동함수는 Ψ_1이나 Ψ_3의 경우와 같이 대칭적이거나 Ψ_2이나 Ψ_4와 같이 반대칭적인 경우가 있다. 이런 대칭-반대칭 관계는 분자에서의 전자 파동함수에서 일반적으로 볼 수 있으며, 분자가 가지고 있는 여러 가지 대칭조작에 따라 다양한 종류의 대칭-반대칭 관계가 가능하다. 여기에서 우리는 분자를 구성하는 전자에 적용할 수 있는 대칭이론이 상당한 정도까지 확대되고 심화될 수 있다는 것을 명백히 이해할 수 있다.

새로운 대칭 거동을 보여주는 간단한 예로 그림과 같이 직사각형 모양의 2차원 통 속에서 움직이고 있는 전자를 생각해 보자. 고전역학에 따르는 입자는 당구공과 같이 상자 안에서 벽에 퉁겨지면서 상자 내부에서 움직일 것이다. 직사각형 모양의 상자는 중앙을 통과하면서 상자면에 수직인 축에 대해 $180°$ 회전(C_2), x축과 z축을 포함하는 평면에 대한 반사(σ_{xz}), 그리고 y축과 z축을 포함하는 평면에 대한 반사(σ_{yz})와 같은 대칭조작을 갖고, 이런 대칭성이 입자의 운동을 제한하는 퍼텐셜에도 나타나게 된다.

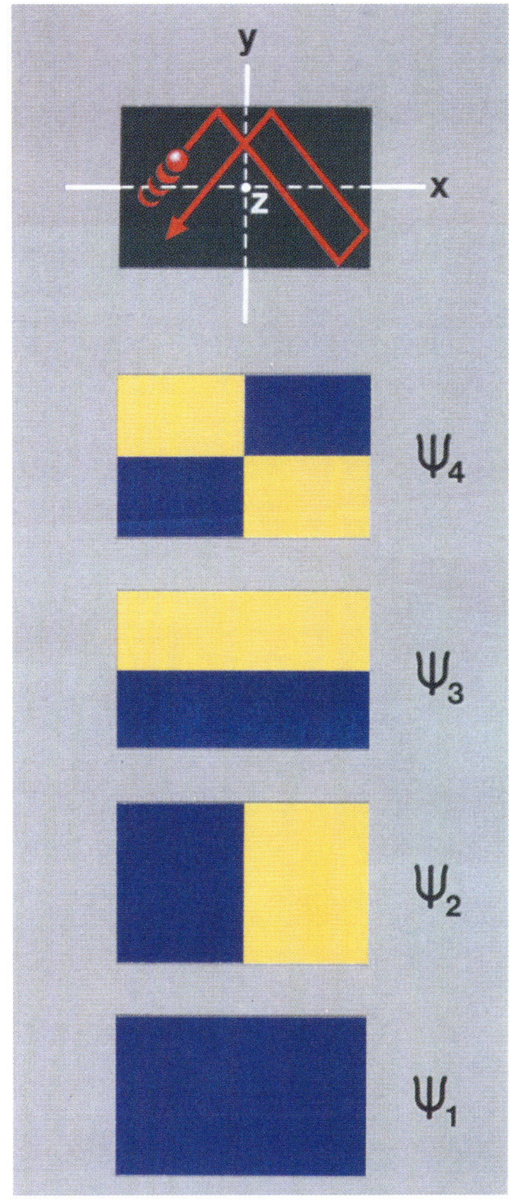

2차원 직사각형 상자 속의 전자의 파동함수

여기에서도 역시 가능한 파동함수의 마디(node) 수를 결정하는 양자화 조건이 적용된다. 상자에서 파동함수의 부호가 번갈아 변하는 것을 두 가지 다른 색깔로 나타내는 경우에도 어느 색깔이 파동함수에서 영보다 큰 부분에 해당하고, 어느 색깔이 영보다 작은 부분에 해당하는가를 밝힐 필요는 없다. 앞 그림에서는 그런 파동함수 중 네개에 해당하는 Ψ_1, Ψ_2, Ψ_3, Ψ_4 를 나타냈다. Ψ_1의 경우에는 상자 전체에서 부호가 같지만, Ψ_2에서는 yz 반사면의 양쪽 부호가 다르며, Ψ_3에서는 xz 반사면의 양쪽 부호가 다르고, Ψ_4는 장기판과 같은 무늬를 나타낸다. 이 파동함수들은 모두 동등조작을 포함하는 네 개의 대칭조작에 의해 원래의 모습으로 남아 있게 되거나 부호가 바뀌게 된다(여기에서 동등조작은 완전성을 위해 포함시켰다). 이런 대칭 특성은 파동함수의 분류에 이용할 수 있다. 대칭조작에 의해 전혀 바뀌지 않은 경우를 +1로 표시하고, 부호가 바뀌는 경우를 −1로 표시한다. 그러면 네개의 파동함수 Ψ_1, Ψ_2, Ψ_3, Ψ_4는 다음 표와 같은 대칭 특성을 갖게 된다.

	I	C_2	σ_{xz}	σ_{yz}
Ψ_1	1	1	1	1
Ψ_2	1	−1	1	−1
Ψ_3	1	−1	−1	1
Ψ_4	1	1	−1	−1

기약표현(irreducible representation)이라고 불리는 이 조합은 이런 대칭조작의 그룹에 대해서는 유일하게 가능한 것이고, 마디의 수나 모양과는 관계 없이 적절한 파동함수라면 어느 것이나 위의 표에 표시된 방법 중 한 가지에 따라 변환되어야 한다. 위의 표에서 파동함수에 붙인 숫자 대신 문자로 된 기호를 사용해 기약표현을 나타낼 수도 있다. 대칭(symmetric)인 경우를 s라고 하고, 반대칭(antisymmetric)인 경우를 as라고 하면,

표는 다음과 같이 된다.

	I	C_2	σ_{xz}	σ_{yz}
Ψ_1	s	s	s	s
Ψ_2	s	as	s	as
Ψ_3	s	as	as	s
Ψ_4	s	s	as	as

　이것을 3차원으로 확장하는 것은 간단하다. 금속 덩어리는 근사적으로 많은 수의 전자를 가진 상자로 생각할 수 있다. 전자들은 상자의 내부에서는 균일하지만 금속의 표면에서는 급격히 증가하는 퍼텐셜에 의해 상자 속에 갇혀 있다. 거시적인 규모의 금속 조각에서는 허용되는 파장 λ이 매우 길고, 에너지 상태는 너무 촘촘하게 위치하고 있기 때문에 거의 연속적인 에너지 띠(energy band)를 형성한다고 볼 수 있으며, 전자 수도 1cm^3에 10^{22} 정도로 대단히 많다. 고전역학에 의하면 이 전자들은 모두 같은 에너지를 가질 수 있으므로, 절대온도 $0°$에서는 모든 전자가 가장 낮은 에너지 상태에 들어갈 것으로 예상된다. 그러나 양자역학에 의하면 절대온도 $0°$에서는 에너지가 낮은 오비탈에서부터 두 개씩의 전자가 서로 스핀이 반대인 상태로 채워지고, 에너지가 높은 오비탈은 모두 비어 있게 된다. 온도가 높아지면 경계 에너지에 가까운 에너지를 가진 오비탈에 채워져 있던 전자들이 열 에너지를 받아 비어 있던 높은 에너지의 오비탈로 옮겨가게 된다. 1차원 상자의 경우에 이런 상황을 뒤쪽 그림에 나타냈다. 짝을 짓지 않고 오비탈에 홀로 들어간 전자는 금속 내부에서 마음대로 움직이며 다닐 수 있고, 외부 퍼텐셜의 영향을 받으면 어느 한쪽으로 움직이게 되어 전류

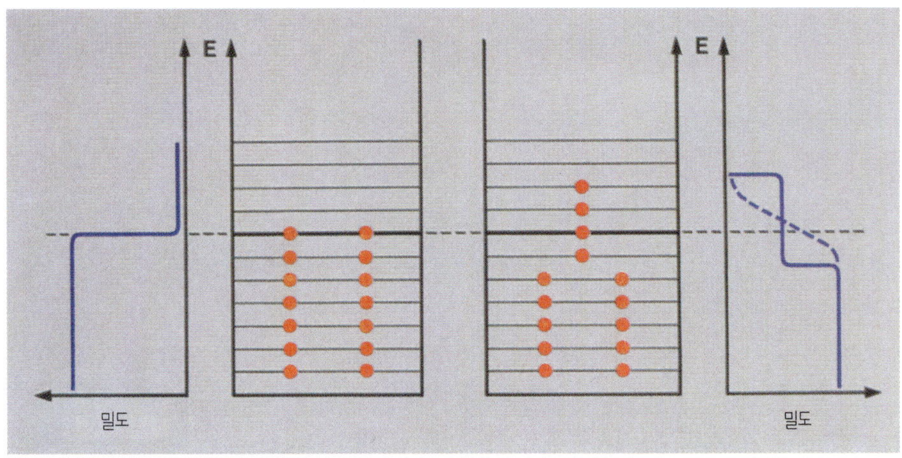

절대 온도 0° 에서와 높은 온도에서 오비탈에서의 전자 분포

가 흐른다. 화학자들은 이렇게 확장된 대칭 이론과 분자에서 전자의 움직임을 나타내는 파동함수를 이용해 반응의 과정과 생성물의 구조를 예측할 수 있게 되었다. 그런 결과 중에는 다른 방법으로는 전혀 얻을 수 없는 것들도 있다. 파동함수의 국부적인 부호를 결정하는 비교적 간단한 방법만으로도 매우 중요한 결론을 얻을 수 있다. 정확한 것은 아니지만 다음 예에서 그런 사실을 어느 정도 이해할 수 있을 것이다.

다음과 같이 가로와 세로 방향으로 여덟 칸씩이 있는 바둑판 무늬에서 대각선 방향으로 양쪽 끝의 두 칸이 없는, 모두 62개의 칸으로 구성된 바둑판을 생각해보자. 두 칸을 채울 수 있는 크기의 직사각형 도미노 31개로 62칸의 정사각형 모양을 하고 있는 바둑판을 완전히 덮을 수 있겠는가?

이 문제는 다음과 같은 화학 문제와 관련이 있다. 바둑판의 비어 있는 칸과 도미노는「반응물질」을 나타내고, 도미노가 덮인 바둑판은「생성물」에 해당한다고 생각하면, 위의 문제는 『반응물이 서로 반응해서 생성물이 될 수 있을까?』하는 것이 된다. 대칭성을 이용한다고 하더라도 이 문제의 해답은 쉽게 찾지 못할 것 같고, 실제로 바둑판을 이용해 무작정 시도해본

다고 하더라도 답을 알아내기
는 쉽지 않을 듯싶다.

그러나 양쪽 구석에 두 칸이
빠져버린 바둑판 위의 「파동함
수」를 생각해보면 상황은 전혀
달라진다. 바둑판의 칸에 색깔
을 칠하는 것으로 문제를 접근

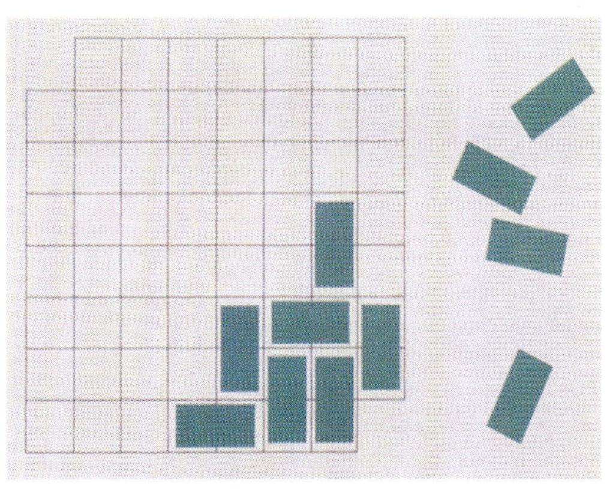

31개의 도미노로 62칸을 채울 수 있을까?.

해보면, 앞의 질문에 대한 정답은 「불가능하다」라는 것을 바로
알 수 있다. 즉 바둑판의 대칭성 때문에 바둑판의 양쪽 모서리
칸은 같은 색깔, 즉 「부호」를 가져야 한다. 따라서 다음 그림에
서와 같이 양쪽 모서리의 칸이 모두 흰색이라면, 장기판에는
30개의 흰색 칸과 32개의 검은 색 칸이 있는 셈이다. 그러나 바
둑판을 덮을 도미노는 서로 다른 색깔을 가진 두 개의 칸을 동
시에 짝으로 덮어야 하기 때문에, 도미노를 어떻게 배열하거나
상관 없이 두 개의 검은 칸이 남게 된다. 같은 색을 가진 칸을
도미노로 덮을 수 없기 때문에 장기판을 도미노로 완전하게 덮
는 것은 불가능하다. 즉 이런 경우에 「반응물질」이 「생성물질」
로 될 수 있는 조건은 만족시킬 수가 없다. 이런 비유가 조금은
동떨어진 듯한 것이 사실이지만, 다음 예를 보면 문제의 핵심
을 더 명백하게 알 수 있을 것
이다.

다음 예를 설명하기 전에 몇
가지 배경 설명이 필요하다. 가
장 간단한 분자인 수소 분자
(H_2)는 두 개의 수소 원자핵이
두 개의 전자에 의해 잡혀 있는

대답은 「불가능」이다.

상태다. 이런 분자가 어떻게 안정하게 존재할 수 있는가는 조금 원시적인 방법이기는 하지만 다음과 같이 설명할 수 있다. 아래 그림에서 왼쪽에는 두 개의 수소 원자를 나타냈다. 더 엄밀히 말하면 각각의 수소 원자핵 주변에서 움직이고 있는 전자의 파동함수를 기호로 나타낸 것이다. 두 개의 수평선은 이런 전자들의 에너지를 나타낸 것이다.

분자가 만들어지기 위해서는 먼저 두 원자가 서로 접근해야 하고, 이 때 두 파동수는 서로 부호가 같을 수도 있고 그렇지 않을 수도 있다. 부호가 같은 파동함수가 서로 겹치게 되면 에너지가 더 낮은 안정한 에너지 상태에 해당하는 파동함수가 만들어지지만, 부호가 서로 다른 파동함수가 겹쳐지게 되면 에너지가 더 높은, 불안정한 에너지 상태의 파동함수가 만들어진다. 두 원자가 접근해서 만들어지는 분자에서는 두 개의 전자가 이렇게 만들어진 분자의 파동함수 중에서 에너지가 낮은 오비탈에 들어가게 된다. 상자 속에서의 전자 파동함수에서와

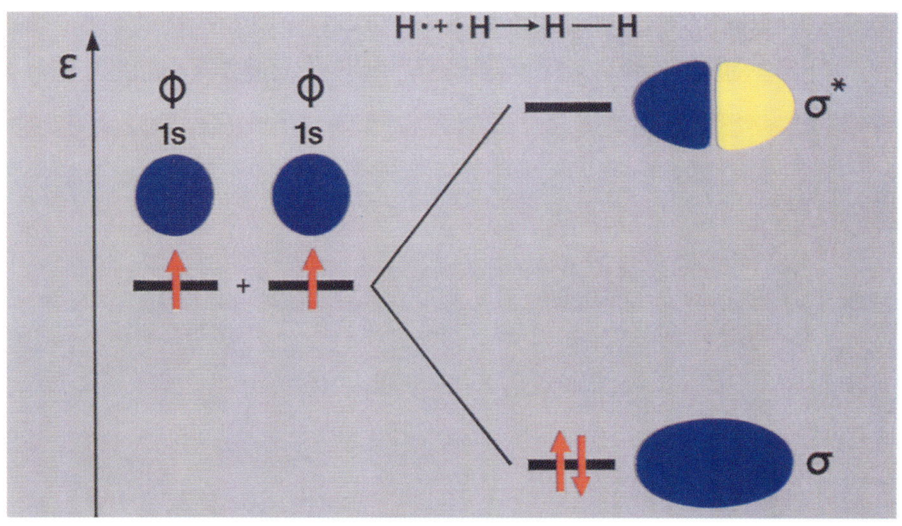

두 개의 수소 원자가 서로 접근하면 1s오비탈들이 겹치면서 결합과 반결합 조합이 형성된다.

같이 한 개의 마디가 있는, 에너지가 높은 반대칭 조합은 독립된 원자보다 오히려 더 불안정한 상태가 된다. 이런 사실은 매우 간단한 법칙을 뜻한다. 즉 같은 부호를 가진 파동함수가 서로 겹쳐지면「결합」을 나타내고, 부호가 다른 파동함수가 겹쳐지면「반발」이 일어난다. 이런 간단한 법칙을 이용하면 앞에서 설명했던 바둑판 문제 같이 어려운 것도 쉽게 해결할 수 있다.

이야기를 더 계속하기 전에 원자나 간단한 분자에서의 전자 파동함수에 대해 몇 가지 설명이 필요하다. 지금까지는 두 개의 독립된 수소 원자에서 전자의 움직임을 나타내는 파동함수 ϕ_{1s}를 이용해서 수소 분자(H_2)의 결합을 설명했다. 이 파동함수는 공 모양의 대칭성을 가지고 있어서 전자가 존재하는 공간의 어디에서나 같은 부호를 가진다. 상자 속의 입자에서와 마찬가지로 수소 원자도 마디가 있는 파동함수로 나타내는 높은 에너지 상태를 가지고 있다. 여기에서도 마디의 수가 많으면 에너지가 높은 상태가 된다. 수소 원자의 경우에 높은 에너지 상태는 다음 그림의 ψ_2와 같이 수평 방향으로 반대칭면을 가진 파동함수로 나타낸다.

원자핵의 영향을 받는 전자 상태를 나타내는 파동함수를「원자 오비탈」이라고 부른다. 원자 오비탈은 s 오비탈과 같이 공

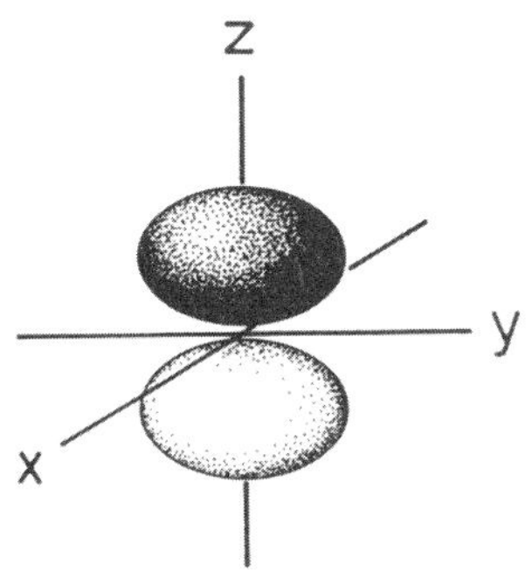

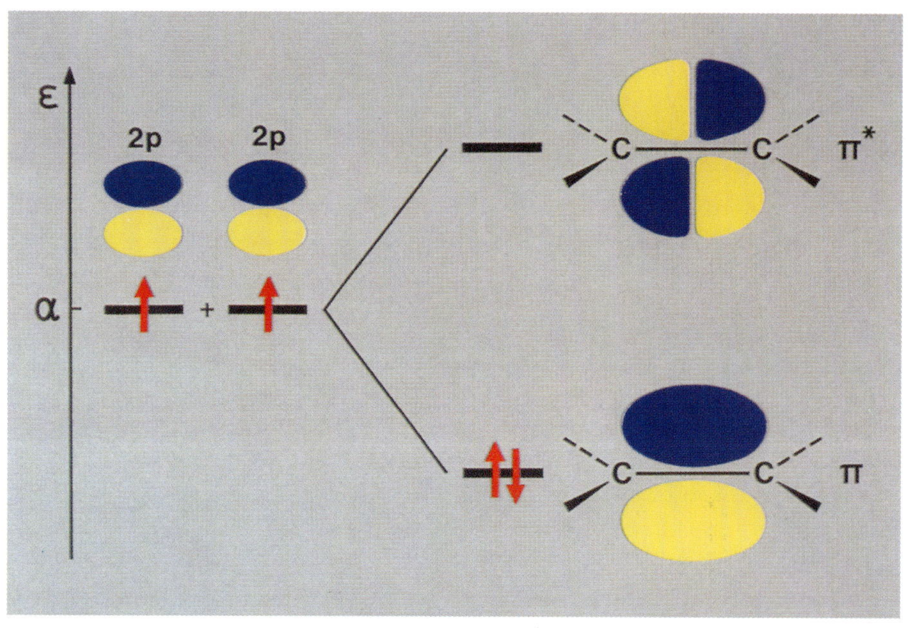

p 오비탈로부터 만들어지는 에틸렌의 결합 분자 오비탈(π)과 반결합 분자 오비탈(π*)

모양의 대칭성을 가질 수도 있고, p 오비탈과 같이 대칭면을 가질 수도 있으며, d와 f 오비탈과 같이 더 복잡한 대칭성을 나타내기도 한다. 오비탈을 나타내는 알파벳 기호는 오래 전부터 원자 분광학 분야에서 사용되어오던 것이다. 원자에서 얻어지는 스펙트럼을 양자역학적 이론으로 설명할 수 있게 되면서 이 기호들을 양자역학에서 그대로 받아들여 사용하게 된 것이다.

분자에서의 전자 상태를 나타내는 분자 오비탈은 분자를 구성하는 원자들의 원자 오비탈들을 조합해 만들 수 있다. H_2의 결합 오비탈을 두 개의 s 오비탈의 조합으로 설명할 수 있듯이, 두 개의 p 오비탈을 조합해 결합 오비탈을 만들 수도 있다. 이런 오비탈에 들어간 전자들은 에너지가 높지만 분자의 화학적·물리적 성질에 심각한 영향을 미치는 것으로 알려져 있다.

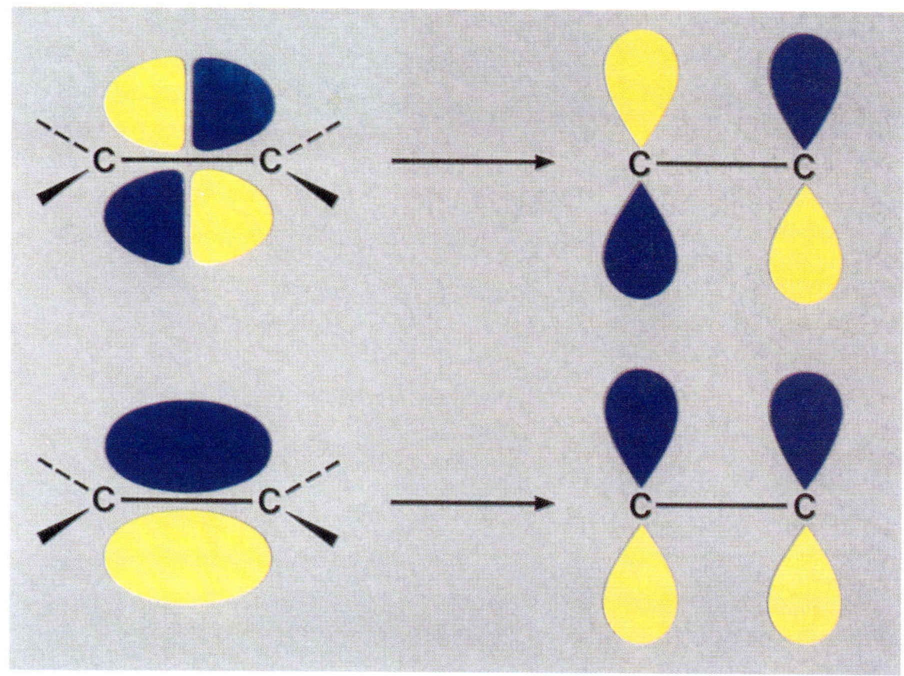

에틸렌의 π와 π^* 분자 오비탈의 대칭성

그림은 두 개의 p 오비탈이 조합되어 에틸렌($H_2C=CH_2$) 분자
의 결합 오비탈이 되는 것을 보여준다(H_2 분자의 결합 오비탈
을 나타내는 174쪽의 그림과 비교해보라). 두 개의 p 오비탈이
같은 부호로 조합되어 만들어지는 이런 결합 오비탈을 「π 오비
탈」이라고 부른다. 부호가 서로 다른 p 오비탈이 조합되어 만
들어지는 π^* 오비탈은 한 개의 마디를 가지고 있기 때문에 π
오비탈보다 에너지가 더 높다.

에틸렌은 σ_{xy}, σ_{yz}, σ_{zx}로 표시되는 세 개의 반사면을 비롯한
많은 대칭요소를 가진, 대칭성이 높은 분자다. 에틸렌 분자를
이런 반사면 중 하나에 반사시키면 원래의 모습으로 되돌아온
다. 그러나 π와 π^* 분자 오비탈의 대칭성은 더 복잡하다. π
분자 오비탈은 σ_{yz}와 σ_{zx} 반사면에 대해서는 대칭이지만 σ_{xy}에
대해서는 반대칭이다. 한편 π^* 분자 오비탈의 경우에는 σ_{yz}에
대해서는 반대칭이고, 나머지 두 개의 반사면에 대해서는 대칭

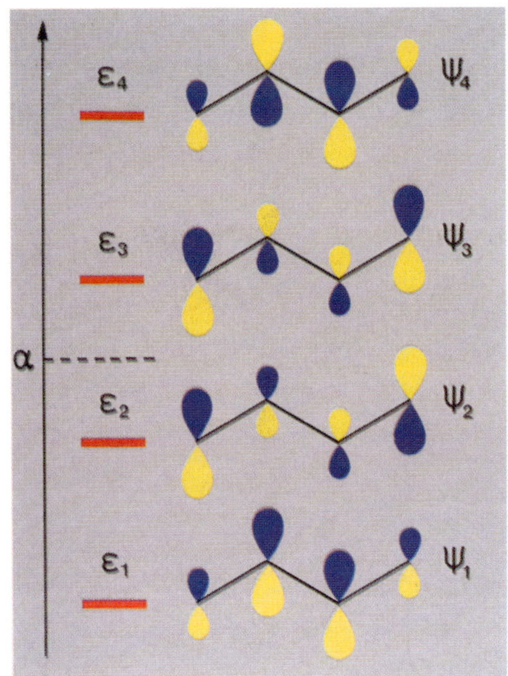

부타디엔의 π 오비탈

이다. 그러나 오비탈의 제곱으로 나타내는 전자 밀도는 에틸렌 분자가 갖는 모든 대칭성을 가지고 있다는 사실이 중요하다.

화학자들은 앞의 그림에서와 같이 원자 오비탈에 상대적인 부호를 붙여서 각각의 원자 오비탈이 어떤 기여를 하고 분자 오비탈이 어떤 대칭성을 갖게 되는가를 표시해왔다.

옆 그림은 부타디엔(buta-diene, $H_2C{=}CH/CH{=}CH_2$)의 탄소 네 개가 가지고 있는 p 오비탈의 조합으로 만들어지는 분자 오비탈을 표시한 것이다.

지금부터는 분자 오비탈의 대칭적 성질을 이용해서 화학반응의 결과를 예측할 수 있는 간단한 예들을 살펴보기로 한다. 나프탈렌(**17**)과 테트라시안에틸렌(tetracyanoethylene, **43**) 분자가 서로 결합되면 분자 착물이 만들어진다. 이 때 평면형의 나프탈렌과 테트라시안에틸렌이 서로 층으로 겹쳐 놓이게 되는 것은 확실하지만, 상대적으로 어떤 위치에 놓이게 될 것인가는 명백하지 않다. 다음 그림에는 모두 대칭성이 가장 높은

17   **43**

두 가지 구조를 나타냈다. 만약 이런 구조가 만들어진다면 『자연은 미학적으로 가장 아름다운 것을 좋아한다』라는 것을 보여주는 예가 될 것이다.

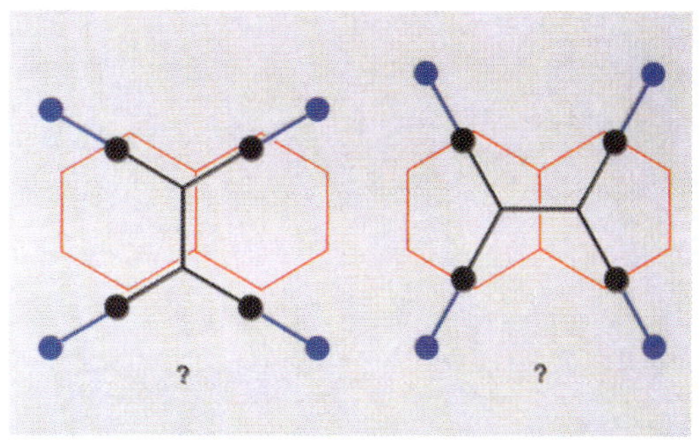

나프탈렌과 테트라시안에틸렌 착물의 두 가지 가능한 배열

　대칭성에 대한 고려와 (우리에게는 필요 없는) 수학적인 계산을 이용하면 두 분자의 결합을 형성하는 데 기여하는 전자의 파동함수 부호를 알 수 있다. 아래 그림에는 결합을 형성하는 π 분자 오비탈의 대칭성을 부타디엔에서와 같은 방법으로 나타냈다. 이 경우에는 분자를 옆에서 본 것이 아니라 한쪽에서 바라본 모양으로 나타냈다.

　이미 앞에서 설명했던 규칙에 따르면, 두 분자가 서로 가까워질 때에는 서로 인접하게 될 원자들의 부호가 가장 잘 일치하는 방향으로 접근하게 된다. 뒤쪽 그림은 그런 접근이 일어나는 상대적인 배열을 나타낸 것으로서 명료한 설명을 위해 극히 단순화한 것이다. 각각의 분자 오비탈은 원자가 있는 평면에 대해서 반대칭적이기 때문에 이 그림은 두 분자 사이의 공간에서 원자 오비탈의 부호가 서로「같은 부호」로 겹쳐지게 된 것을 보여준다.

　그림을 보면 두 분자가 대칭성이 가장 높은 배열을 하고 있는 것이 아니라, 놀랍게도 테트라시안에틸렌이 나프탈렌 분자의 한쪽에 올라앉은 모양임을 알 수 있다. 이렇게 대칭성이 낮은 구조는 착물의 결정에서 얻은 X선 분석에서 사실인 것으로 확인되었다. 이런 예에서

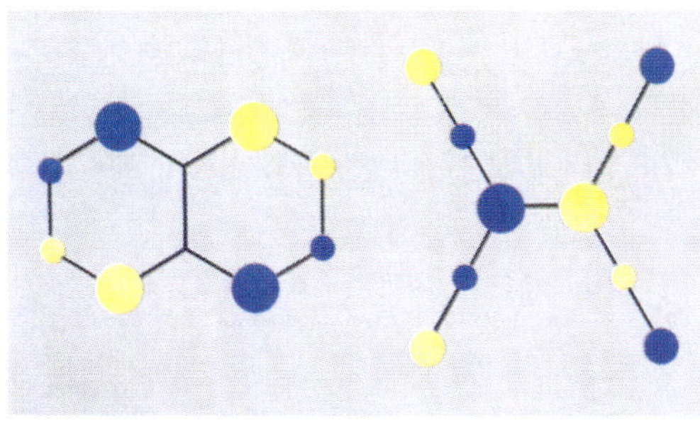

나프탈렌과 테트라시안에틸렌에서 서로 겹쳐지는 오비탈

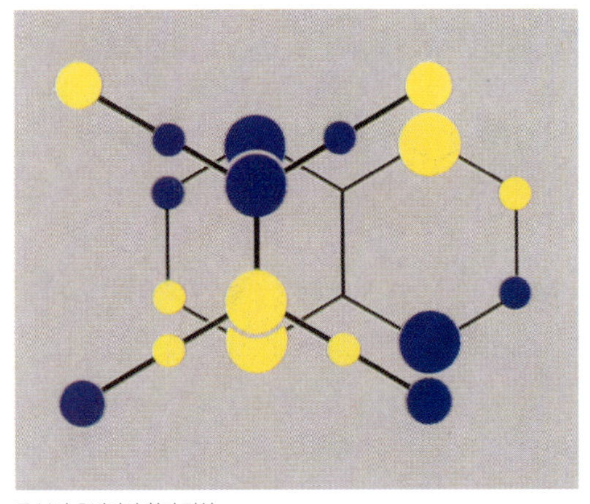

두 분자 오비탈의 최적 겹침

자연이 대칭성에 대해 순전히 직감적인 개념을 넘어서 훨씬 강화된 기준을 가지고 있다는 사실을 명백하게 알 수 있다. 이로써 모든 것이 케플러가 예상했던 것보다는 훨씬 복잡해졌지만 분자의 거동과 특성이 전체적으로 대칭성에 의해 결정된다는 것은 사실로 남게 되었다.

같은 부호를 가진 원자 오비탈이 겹쳐지면 안정한 결합이 형성되고, 반대의 부호를 가진 원자 오비탈이 겹쳐지면 분자를 불안정하게 만든다는 것은 매우 일반적인 결론이다. 미국의 화학자 로버트 번스 우드워드(Robert Burns Woodward, 1917~1979)와 로알드 호프만(Roald Hoffmann)은 이런 원리를 체계적으로 이용해 화학반응성을 설명할 수 있다는 것을 보여주었다. 그들이 제안했던 「오비탈 대칭 보존의 법칙(Principle of the Conservation of Orbital Symmetry)」[40]을 이용하면 유기화학에서 중요한 화학반응을 오비탈의 대칭성을 이용해 「대칭 허용(symmetryallowed)」과 「대칭 금지(symmetryforbidden)」의 두 가지 종류로 분류할 수 있다. 대칭 허용 반응에서는 반응물에서 생성물로의 반응이 순조롭게 진행되지만, 대칭 금지 반응은 여러 개의 중간 물질을 거치는 복잡한 경로를 따라 반응이 일어나거나 전혀 일어나지 않는다. 이런 개념적인 접근은 그 응용 범위가 매우 넓고 성공적이기 때문에 분자 오비탈 이론에서 얻을 수 있는, 간단한 이론적 모델이 얼마나 유용한가를 실용 화학자들에게 확실히 일깨워주는 계기가 되었다. 이런 발전이 이루어지면서 한동안 무시되어왔던 분자 오비탈 이론이 다시 유행하게 된 것이다.

마지막으로 오비탈의 대칭성으로부터 화학반응의 결과를 예측할 수 있는 예에 대해 설명

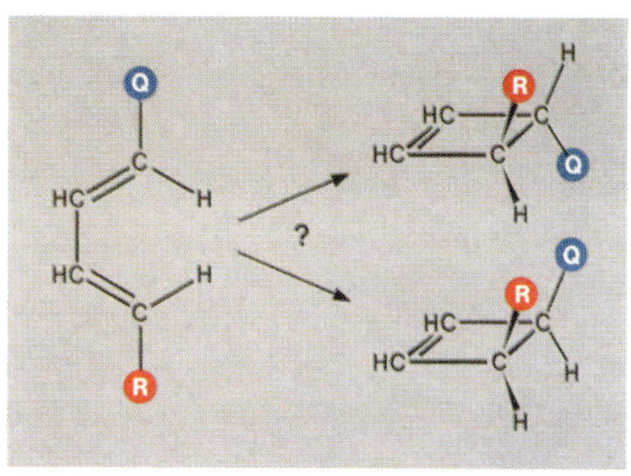

치환된 부타디엔의 고리화 반응에서 만들어지는 두 가지 이성질체

하기로 한다. 부타디엔의 1번과 4번 탄소에 결합된 수소가 서로 다른 그룹 R와 Q로 치환된 비대칭적인 분자를 생각해보자. 양쪽 끝에 위치한 두 개의 탄소 원자를 서로 결합시켜 사각형 고리를 만들면, 위의 그림과 같이 R와 Q가 고리 평면의 같은 쪽에 위치하는「시스」형태와 서로 다른 쪽에 위치하는「트란스」형태의 두 가지 이성질체가 가능하다.

논리적인 근거에서 만들어진 것은 아니었지만 일본의 이론 화학자 후쿠이 겐이치가 제안했던 매우 성공적인 방법을 이용해보자. 후쿠이는 분자의 화학적 거동이 주로 전자가 채워진 오비탈 중에서 가장 에너지가 높은 오비탈, 즉 가장 느슨하게 결합된 전자가 채워진 오비탈에 의해 결정된다고 생각했다. 이런 가정은 원자의 경우에 이미 사용되고 있었다. 많은 경우에 원자의 성질은 가장 바깥에 있는「원자가」전자의 제거에 필요한 이온화 에너지와 깊은 관계가 있다. 이런 사실을 분자에까지 확장할 수 있다.「경계 오비탈(frontier orbital)」이라고 불리는, 높은 에너지를 가진 오비탈의 대칭적 성질을 우드워드-호프만 법칙에 따라 해석하면 어떤 화학반응의 경로를 결정하는 데 핵심적인 정보를 얻을 수 있다.

부타디엔의 π 분자 오비탈은 178쪽의 그림에 나타냈다. 각각의 탄소 원자가 한 개씩 제공된 네 개의 전자가 π 오비탈에 채

워진다. 각 오비탈에는 두 개의 전자밖에 들어가지 못하기 때문에 에너지가 가장 낮은 상태에서는 아래쪽의 오비탈 Ψ_1과 Ψ_2에 각각 두 개씩의 전자가 들어가게 된다. 따라서 둘 가운데 에너지가 높은 Ψ_2가 전자가 채워진 오비탈 중 가장 에너지가 높은 「경계 오비탈」이 되고, 이 오비탈의 대칭성이 바닥 상태에 있는 분자의 고리화 반응의 결과를 결정하게 된다.

아래 그림의 왼쪽에는 고리화 반응이 일어나기 전에 치환된 부타디엔 분자를 나타냈다. 왼쪽 아래가 반응의 결과를 결정하는 경계 오비탈 Ψ_2이다. 우드워드–호프만 법칙에 의하면 부타디엔 조각의 양쪽 끝에 같은 부호(또는 색깔)의 귓불(lobe)이 접근해야만 새로운 결합이 만들어질 수 있다. 따라서 양쪽 끝의 그룹들이 모두 시계 회전방향이나 그 반대방향으로 함께 회전해야만 한다〔이런 형태의 조화된 움직임을 「동일방향 회전(conrotatory)」이라고 부른다〕. 이렇게 되면 양쪽 끝에 치환된 R와 Q는 고리면의 서로 다른 쪽에 위치하게 된다. 즉 고리화 반응이 바닥 상태에 있는 반응물질을 거쳐서 진행된다면 트란스 이성질체를 얻게 될 것이다.

그러나 고리화 반응이 바닥 상태의 반응 분자를 거치지 않고도 진행될 수 있다. 광화학 반응은 빛에 의해 일어난다. 태양빛을 이용해서 물과 이산화탄소로부터 생명체가 필요로 하는 분자를 생성시키는 광합성(光合成)의 기적이 가장 대표적인 광화학 반응이다. 그리고 커튼이나 섬유에 염색된 염료의 색깔이 바래는 것이나 피부

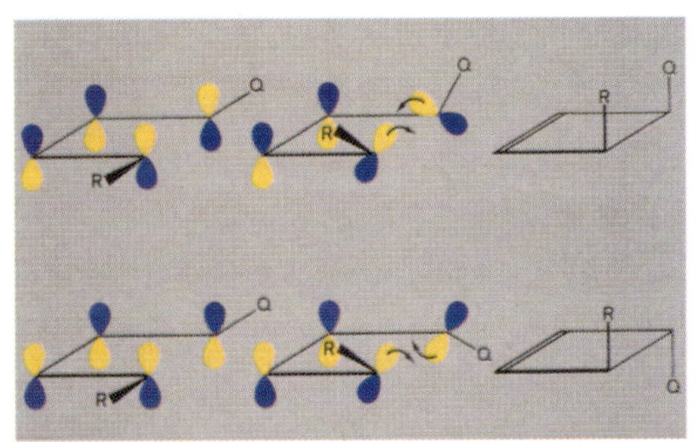

부타디엔의 고리화 반응에서 두 가지 이성질체를 만드는 동일방향 회전과 반대방향 회전

가 햇빛에 탈 때 일어나는 변화도 일상생활에서 흔히 볼 수 있는 광화학 반응의 예다. 이런 반응은 먼저 반응 물질이 빛을 흡수하는 것으로부터 진행된다. 더 정확히 말하면 분자가 광자(光子) 또는 에너지 양자를 흡수함으로써 높은 에너지 상태로 바뀌게 된다. 광자의 에너지가 작을 경우, 이렇게 흡수된 에너지는 분자의 진동 또는 회전 에너지로 변환되어버리지만, 광자의 에너지가 충분히 큰 경우에는 전자의 상태가 바닥 상태로부터 들뜬 상태로 전환된다. 즉 충분히 큰 에너지를 가진 광자를 흡수하게 되면, 분자 속의 전자는 에너지가 낮은 채워진 오비탈에서 에너지가 큰 비어 있는 오비탈로 옮겨가게 된다.

부타디엔은 빛을 흡수하면 Ψ_2에 들어 있던 두 개의 전자 중 하나가 178쪽에 나타낸 비어 있는 오비탈 중 에너지가 낮은 Ψ_3로 옮겨가게 된다. 이렇게 옮겨간 전자는 가장 느슨하게 결합된 전자가 되고, Ψ_2가 아니라 Ψ_3의 대칭성이 반응성에 결정적으로 영향을 미치게 된다. 앞 그림의 윗부분에 나타낸 것처럼, 겹침이 일어나는 요구조건을 만족시키기 위해서는 양쪽 끝이 서로 반대방향으로 회전해야 한다. 즉 하나는 시계 회전방향으로 돌고 다른 하나는 반대방향으로 돌아야 한다〔이런 회전을 「동일방향 회전」과 구별해서 「반대방향 회전(disrotatory)」이라고 부른다〕. 이렇게 해서 광화학적 고리화 반응에서는 R와 Q가 고리면의 같은 쪽에 있는 시스 이성질체가 만들어진다.

그렇지만 부타디엔의 고리화 반응에 대한 지금까지의 설명이 완벽한 것은 아니다. 사실 지금까지 설명했던 반응은 전혀 일어나지 않는 것이고, 반대로 고리형의 시클로부탄에서 사슬 모양의 부타디엔이 만들어지는 역반응이 일어난다. 즉 우드워드-호프만 법칙은 반대방향으로 일어나는 반응에도 적용되기 때문에, 이 법칙을 이용하면 고리형 분자에서 시작해서 열려진 사슬형 분자가 될 때 R와 Q의 상대적 배열을 예측할 수 있다. 그런 실험 결과를 다음과 같이 요약했으며, 실험 결과가 우드워드-호프만 법칙과 정확히 일치한다는 것을 알 수 있다.

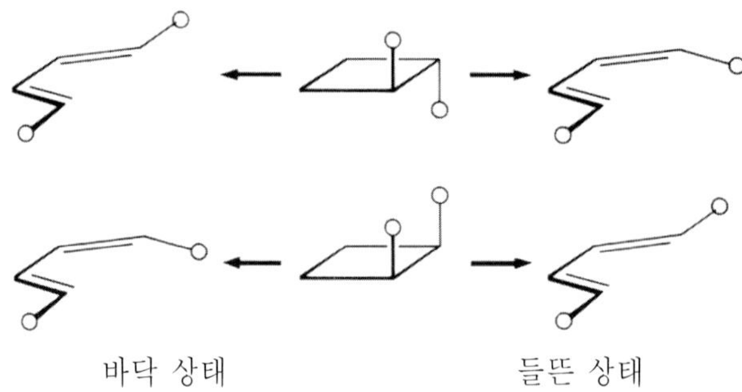

바닥 상태   들뜬 상태

이런 규칙은 복잡한 분자를 합성하는 방법을 계획하고, 이 과정에서 제기되는 입체 화학 문제를 해결하는 데 매우 유용하게 이용되고 있다. 실제로 오비탈 대칭법칙은 비타민 B_{12} 합성을 연구하는 과정에서 발견되었다. 그리고 이 규칙의 엄청난 위력이 명백해짐으로써 우드워드와 에센모저는 전성기를 맞이하게 되었다.

참고문헌

1) 제네바의 예술-역사박물관(Musée d' Art et d' Histoire) 소장 호들러
(Ferdinand Hodler, 1853~1918)의《대칭적 서너시》(1909)

2) 에셔(M.C. Escher, 1898~1972)의 주기적 패턴의 특징은 콜로만 모저
(K. Moser, 1868~1918)의 디자인에서도 찾을 수 있다〔펜츠(Werner
Fenz)의《콜로만 모저》(1984) 참고〕. 이 책에 실린 에셔 패턴은 샤츠
슈나이더(D. Schattschneider)와 워커(W. Walker)가 쓴《에셔의 만
화경》(1977)에서 인용한 것임.

3) 라파엘(Raffaello Santi, 1483~1520)의 마돈나(국립미술관, 워싱턴
D.C.)

4) 케플러(J. Kepler),《육각형 눈송이에 대하여》(1611) : 하디(C.
Hardie) 역,《육각 모형의 눈송이에 대하여》(1966)

5) 셔리(J.W. Shirley),《르네상스의 과학자, 토마스 해리옷》(1974)

6) 돌턴(J. Dalton),《화학철학의 새로운 체계》제1권(1808, 1810), 제2
권(1827). 자세한 내용은 그린웨이(F. Greenaway)의《존 돌턴과 원
자》(1966)에도 실려 있음.

7) 벤틀리(W.A. Bentley) 및 험프리스(W.J. Humphreys),《눈 결정》
(1931), 재판(1962).

8)《사이언티픽 아메리칸(*Scientific American*)》1992년 2월호 90쪽에 게
재된 스튜워트(I. Stewart)의 요약 참고.

9) 보스코빅(R.J. Bošković), 《자연 철학 이론》(1763) ; 화이트(L.L. Whyte), 《로저 요셉 보스코빅》(1961)

10) 이 증명방법은 몇 년 전 머레이-러스트(Peter Murray-Rust) 박사가 저자 중의 한 사람에게 알려온 것임. 가드너(M. Gardner)에 의하면 군론을 이용한 증명이 발표되었다고 함〔야글롬(I. M. Yaglom) 《기하학적 변환》(1962) 참고〕.

11) 울러스톤(W.H. Wollaston), 《몇몇 결정의 소립자에 대하여》, (베이커리안 강연, *Phil. Trans.*, **2**, 51(1813) ; 나이트(D.M. Knight)의 《고전과학논문—화학편》(1968)에도 실려 있음.

12) 케쿨레(A. Kekulé), *Ann. Chem.* **101**, 257 (1857) ; 쿠퍼(A.S. Couper), *Compt. rend*, **46**, 1157(1858) ; *The London, Edinburgh and Dublin Philos, Mag. and J. Sci.*, **16**, 104(1858).

13) 반트 호프(J.H. van't Hoff)(유트레히트, 1874) ; 같은 시기에 프랑스의 화학자 르벨(J. Achille Le Bel)도 거의 같은 아이디어를 *Bull. Soc. Chim. (Paris)*, **22**, 337(1874)에 발표했다.

14) 안쉬츠(R. Anschütz), 《아우구스트 케쿨레》(1929)

15) 케쿨레(A. Kekulé), *Bull. Soc. Chim. Fr.*, **3**, 98(1865) ; *Ann. Chem.*, **137**, 158(1866)

16) 아브레즈(P. Havrez), *Revue universelle des Mines, de la Métallurgie, des Travaux Publics, des Sciences et des Arts*, **18**, 318, 433(1865) ; 람지(O.B. Ramsay), *Chemistry*, **47**, 6(1974)

17) 쾨르너(Körner)의 논문 네 편 중 마지막 논문은 *Gazz. Chim. Ital.*, **4**, 305(1874)에 발표되었다.

18) 맥브라이드(J.M.McBride), *J. Am. Chem. Soc.*, **102**, 4134 (1980)

19) 고댕(M.A. Gaudin), 《*L' Architecture du Monde des Atomes*》(1873)

20) 빌슈테터(R. Willstätter) 및 바저(E. Waser), *Ber. Dtsch. Chem. Ges.*, **44**, 3423(1911). 알칼로이드 유사-펠레티에린(alkaloid pseudo-pelletierine)으로부터 소량의 화합물이 만들어졌지만, 이 물질의 물리적 성질에 대한 본격적인 연구는 레페(W. Reppe)가 아세틸렌의 고압 중합방법〔*Ann. Chem.* **560**, 1(1948) 참고〕을 개발한 이후부터 시작되었다.

21) 휘켈(Erich Hückel)의 업적에 대해서는 본인이 저술한 《불포화 및 방향성 화합물의 이론 개요》(1938) 참고.

22) 베이어(A. Baeyer), *Ber. Dtsch. Chem. Ges.*, **18**, 2269(1885) : 작스 (H. Sachse), *Ber. Dtsch. Chem. Ges.*, **23**, 1363(1890) : 모어(E. Mohr), *J. Prakt. Chem.*, **98**, 315(1918) : *Ber. Dtsch. Chem. Ges.*, **55**, 230(1922).

23) 헨드릭스(S.B. Hendricks) 및 빌레케(C. Billeke), *J. Am. Chem. Soc.*, **48**, 3007(1926) : 디킨슨(R.G. Dickinson) 및 빌레케(C. Billeke), *J. Am. Chem. Soc.*, **50**, 764(1928).

24) 크로토(H. Kroto), *Chem. Brit.*, 90(1990) : 컬(R.F. Curl) 및 스몰리(R.E. Smalley), *Fullerenes, Scient. Am.* 1991년 10월호.

25) 이 방법은 바거(Z. Vager)와 칸터(E.P. Kanter) 등에 의해 개발되었다〔*Phys. Rev. Lett.*, **57**, 2793(1986) : *J. Chem. Phys.*, **85**, 7487 (1986). 총설은 노이베르트(G. Neubert), *Physik in unserer Zeit*, **20**, 153(1989) 참고〕.

26) 최초의 모형으로 라이덴의 박물관 소장.

27) 프로이텐베르크(K. Freudenberg) 편집,《탄화물의 입체화학》제2권 (1933)에 게재된 에벨(F. Ebel)의 「사면체 이론」.

28) 베르너(A. Werner), *Z. anorg. Chem.*, **3**, 267(1893) ; *Ber. Dtsch. Chem. Ges.*, **44**, 1887 (1911)

29) MIT대학의 리치(Alexander Rich)는 어떤 조건에서는 정상적인 DNA의 거울상에 해당하지 않는 왼나사 이중나선 구조를 가진 DNA가 만들어진다는 것을 발견했다.

30) 디커슨(R.E. Dickerson) 및 가이스(I. Geis),《단백질의 구조와 기능》(1969)에서 인용한 것임.

31) 거울상에 해당하는 단백질인 HIV 바이러스의 프로테아제가 최근에 합성되었다〔밀턴(R.C. de L. Milton), 밀턴(S.C.F. Milton) 및 켄트 (S.B.H. Kent), *Science*, **256**, 1445(1992)〕.

32) 디락(P.A.M. Dirac), *Rev. Mod. Phys.*, **21**, 392(1949) ; 달리츠 (R.H. Dalitz) 및 파이얼스(R. Peierls),《왕립학회 회원 회고록》, **32**, 159(1986)

33) 얀들(E. Jandl),《라우르와 루이제》(1990)

34) 참고문헌 2의 샤츠슈나이더(D. Schattschneider)와 워커(W. Walker)에 의해 디자인된 것임.

35) 암스트롱(H.E. Armstrong), *Nature (London)*, **120**, 478(1927).

36) 필자들은 이 그림의 원전을 찾으려고 애썼으나 실패했음.

37) 더니츠(J.D. Dunitz) 및 마이어(E.F. Meyer), *Proc. Royal. Soc.*, **228A**, 324(1965)

38) 섹트먼(D. Shechtman), 블레크(I. Blech), 그라티아스(D. Gratias) 및 칸(J. Cahn), *Phys. Rev. Lett,* **17**, 1951(1984) ; 그라티아스(D. Gratias), *La Recherche,* **17**, 788(1986) ; 디빈센코(D.P. DiVincenco) 및 슈타인하르트(P.J. Steinhardt) 편집, 《준결정》(1991)

39) 확장된 π 분자를 「상자 속의 전자」로 취급하는 모형은 쿤(Hans Kuhn)에 의해 제안되고 발전되었다〔쿤(H. Kuhn), *Helv. Chim. Acta,* **31**, 91(1948) ; **32**, 2247(1949) ; **34**, 1308, 2371(1951) ; 쿤(H. Kuhn) 및 후버(W. Huber), *Helv. Chim. Acta,* **35**, 1155(1952) 참고〕.

40) 우드워드(R.B. Woodward) 및 호프만(R. Hoffmann), *J. Am. Chem. Soc.,* **87**, 395, 2511(1965) ; 호프만(R. Hoffmann) 및 우드워드 (R.B. Woodward), *J. Am. Chem. Soc.,* **87**, 2046 (1965) ; 우드워드 (R.B. Woodward) 및 호프만(R. Hoffmann), *Angew. Chem.,* **81**, 797(1969) ; *Angew. Chem., Int. Ed.,* **8**, 781(1969)

추천도서

* F.J. Budden, *"The Fascination of Groups"* (Cambridge University Press, Cambridge, 1972)
대칭군의 수학을 설명하고, 기하학, 음악, 도안, 종(鐘), 수학게임 등 다양한 분야에서의 예를 보여줌.

* H.S.M. Coxeter, *"Introduction to Geometry"* (John Wiley & Sons, New York, London, 1961)
대칭이 통일된 시각을 갖도록 해준다는 점을 강조하고 있는 매우 우수한 입문서.

* I. Hargittai and M. Hargittai, *"Symmetry Through the Eyes of a Chemist"* (VCH Verlagsgesellschaft mbH, Weinheim, 1986)
다양한 수준의 복잡성을 가진 응용 분야를 취급하고 있으며, 완벽한 참고 문헌을 갖추고 있다.

* I. Hargittai 편집, *"Symmetry, Unifying Human Understanding"* (Pergamon Press, New York, 1986) (*Computers and Mathematics with Applications*, 12B, 특별호로도 발간되었음.)
프랙탈, 군무(群舞), 결정학, 음악, 문학 등 다양한 분야에서 대칭의 중요성을 다양한 저자들의 수필을 통해 보여주고 있다.

* F.M. Jaeger, *"Lectures on the Principle of Symmetry and its Applications in All Natural Sciences"* (Elsevier, Amsterdam, 2nd ed., 1920)
이미 절판되어버린 고전으로 구하기 어려움.

* O. Jones, *"The Grammar of Ornaments"* (1856)
다양한 시기와 문화에서의 주기적 도안을 수집한 것임.

* E.H. Lockwood and R.H. Macmillan, *"Geometric Symmetry"* (Cambridge University Press, Cambridge, 1978)
수학적 배경이 부족한 독자들에게 가장 완벽한 서술식 설명.

* A.L. Loeb, *"Color and Symmetry"* (Wiley-Interscience, New York, 1971)
평면 위에 채색된 도안의 대칭성에 대한 설명.

* C.H. Macgillavry, *"Symmetry Aspects of M.C. Escher's Periodic Drawings"* (A. Oosthoek's Uitgeversmaatschappij N.V., Utrecht, 1965)
쉽게 설명된 입문서.

* J. Rosen, *"Symmetry Discovered, Concepts and Applications in Nature and Science"* (Cambridge University Press, Cambridge, 1975)
대칭의 개념과 용어에 대한 초급 입문서로 유용한 참고문헌이 실려 있다.

* D. Schattscheider, *"Visions of Symmetry. The Notebooks, Periodic Drawigns, and Related Work of M.C. Escher"* (W.H. Freeman & Comp, New York, 1990)
에셔에 대한 가장 우수한 설명서.

* A.V. Shubnikov and V.A. Koptsik, *"Symmetry in Science and Art"* (Plenum Press, New York and London, 1974)
결정학 분야를 주로 취급하고 있으며, 일반화된 대칭, 반대칭, 색대칭의 그룹도 취급하고 있다.

* H. Weyl, *"Symmetry"* (Princeton University Press, Princeton, NJ 1952)
생명, 예술 및 과학에서의 대칭성에 대한 위대한 수학자의 고전적 수필집.

* R. Wille 편집, *"Symmetrie in Geistes- und Naturwissenschaft"* (Springer-Verlag, Berlin, 1988)
1986년 다름슈타트 기술대학에서 개최된 「대칭 학술대회」의 강연 내용을 담고 있으며, 문학·프랙탈·물리 등에서의 대칭성을 취급하고 있다.

* L.P. Williams, *"Album of Science; The Nineteenth Century"* (Charles Scribbner's Sons, New York, 1978)
19세기 과학의 발전과 관련된 예들을 주로 취급.

■ 역자 약력

이 덕 환
- 서울대 화학과와 동대학원 졸업
- 미국 코넬대 화학과 졸업(이학박사)
- 미국 프린스턴대 연구원
- 현재 서강대 화학과 교수

그림으로 보는

분자세계와 대칭성

지은이 / 에드가 하일브로너 · 잭 더니츠
옮긴이 / 이덕환
펴낸이 / 박용정
펴낸곳 / 한국경제신문사
등록 / 제2-315(1967. 5. 15)
제1판 1쇄 인쇄 / 1996년 9월 1일
제1판 1쇄 발행 / 1996년 9월 5일
주소 / 서울특별시 중구 중림동 441
대표전화 / 360-4114
직통 / 313-8293 · 312-0063
FAX / 360-4552

✿ 파본이나 잘못된 책은 바꿔 드립니다.
ISBN 89-475-3009-3

값 13,000원